池末翔太 監修　鈴木裕太 著

物理

Physics Dictionary

用語事典

数式がないから
スラスラ読める!
世界で一番
わかりやすい
物理の入門書

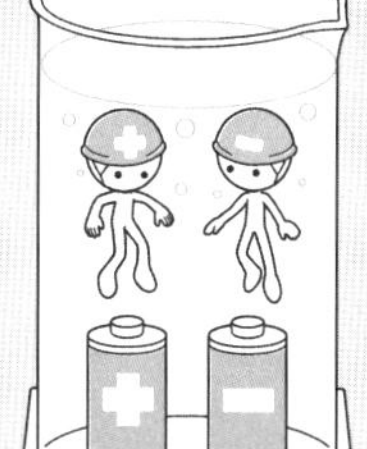

ソシム

まえがき

2020年、世界のリーダーが集まったダボス会議で「リスキリング（学び直し）革命」という声明が発表されました。これは、AIなどの技術革新を迎える時代において、2030年までに10億人により良い教育、スキル、仕事を提供するという主旨のものでした。

日本でも、同年に岸田総理大臣が所信表明演説内で「今後5年間で1兆円を投入」すると表明。各省庁でも人材へのリスキリングを推進する制度や補助金などの仕組みがつくられています。今やリスキリングはビジネスシーンにおける大きなキーワードとして注目を浴び、2022年の流行語大賞にもノミネートされました。

一方で、いざリスキリングに挑戦しようと思っても、どんな分野を学び直せばいいのかわからないという人も多いのではないでしょうか。そんな人にぜひおすすめしたいのが物理学です。複雑な計算や用語などが並ぶため、よく苦手な科目としても挙げられます。

しかし、物理学はこの世のあらゆる分野において、非常に重要な役割を果たしています。たとえば、物体の運動や速度などを導き出す力学は、

スポーツや気象、天体の観測などにも応用されています。ほかにも、LED や半導体といった先端技術は、現代物理学の理論がなければ完成することはありませんでした。

映画『アイアンマン』のモデルでもある実業家イーロン・マスクも物理学の世界に魅了された一人。マスクは、ネット決済の仕組みを根底から変えた PayPal や世界初の民間宇宙ロケット開発を行うスペース X など、数々の難事業を成功させてきました。その背景には、物理学で得た論理的思考と物理法則を重要視する姿勢があったといいます。

物理学は、宇宙や世界の成り立ち、あらゆる物事のルールを解明しようとする学問です。本書は、基礎知識編と応用知識編の2部に分けて、物理学の基本から現代技術に至るまで幅広く網羅。ぜひリスキリングをはじめるときの入門書としてご活用ください。最後に監修いただいた受験モチベーター・予備校講師の池末翔太先生をはじめ、ご尽力いただいた方々に感謝申し上げます。

著者　鈴木裕太

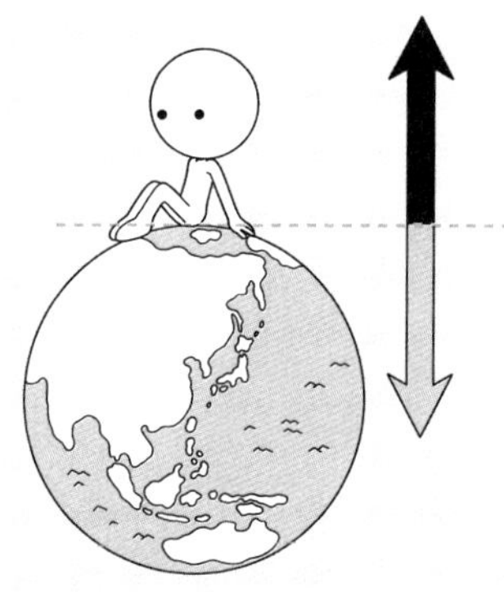

本書の読み方

本書は物理学をリスキリングするうえで
おさえておきたい用語をピックアップ！
イラストを用いてわかりやすく解説しています

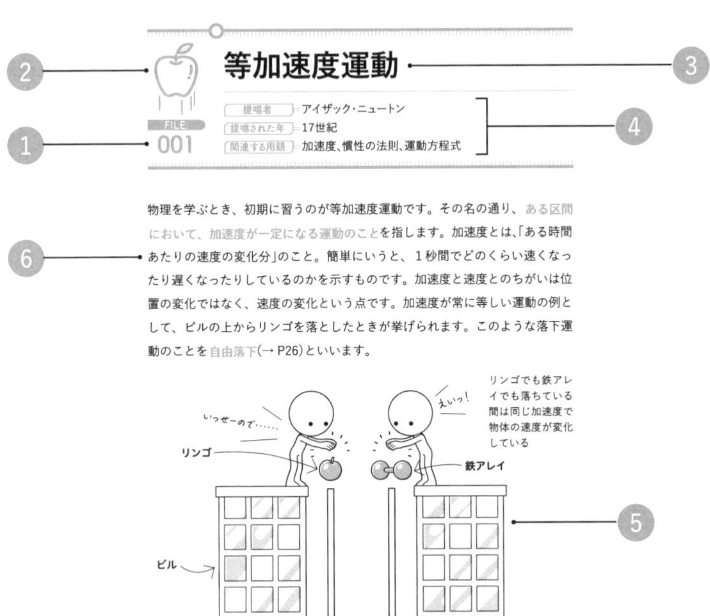

等加速度運動

FILE 001

提唱者＝アイザック・ニュートン
提唱された年＝17世紀
関連する用語＝加速度、慣性の法則、運動方程式

物理を学ぶとき、初期に習うのが等加速度運動です。その名の通り、ある区間において、加速度が一定になる運動のことを指します。加速度とは、「ある時間あたりの速度の変化分」のこと。簡単にいうと、１秒間でどのくらい速くなったり遅くなったりしているのかを示すものです。加速度と速度とのちがいは位置の変化ではなく、速度の変化という点です。加速度が常に等しい運動の例として、ビルの上からリンゴを落としたときが挙げられます。このような落下運動のことを自由落下(→ P26)といいます。

リンゴと鉄アレイは重さはちがうが、落ちる速度は同じ

❶ ファイル番号	本書における物質の紹介順のナンバーです。
❷ アイコン	本書で紹介する用語の分類をイラストで表しています。
❸ 用語の名称	その物質の一般的な名称を記載しています。
❹ 基本データ	用語の提唱者、提唱された年代、関連する用語を紹介しています。
❺ イラスト	用語のイメージをイラストで紹介しています。
❻ 本文	用語が生まれた背景や意味、仕組みなどの解説です。

CONTENTS

第3章 波はどうやって起こる? 波動

第4章 宇宙をひもとくカギ! 電磁気学

第5章 この世のすべてをつくる! 原子物理学 …… 92

第6章 星はどうやって生まれた? 宇宙物理学 … 118

第7章 天気の理解を深める 気象力学 … 134

第2部 応用知識編

第1章 超ミクロな世界! 量子力学 …… 152

第4章 物理学が生み出した先端技術 … 218

参考文献

■書籍

・池末翔太『一度読んだら絶対に忘れない物理の教科書』SBクリエイティブ
・西成活裕・郷和貴『東大の先生! 文系の私に超わかりやすく物理を教えてください』かんき出版
・福江純・福江翼・福江慧『物理学図鑑』オーム社
・釜堀弘隆・川村隆一『トコトン図解 気象学入門』講談社
・木村龍治(監修)『【大人のための図鑑】気象・天気の新事実 気象現象の不思議』新星出版社
・竹内薫『ゼロから学ぶ量子力学』講談社
・ヨビノリたくみ『難しい数式はまったくわかりませんが、相対性理論を教えてください!』SBクリエイティブ
・谷口義明『新・天文学事典』講談社
・ステン オデンワルド『教えたくなるほどよくわかる量子論の基礎講座』ニュートンプレス
・Newton別冊『天文学躍進の400年 現代の宇宙像はこうして創られた』ニュートンプレス
・Newton別冊『相対性理論』ニュートンプレス
・Newton大図鑑シリーズ『宇宙大図鑑』ニュートンプレス
・Newton大図鑑シリーズ『物理大図鑑』ニュートンプレス
・『新編 物理基礎』数研出版

■webサイト

・ナショナルジオグラフィック日本版 https://natgeo.nikkeibp.co.jp/
・高エネルギー加速器研究機構 キッズサイエンティスト https://www2.kek.jp/kids/
・東邦大学 https://www.toho-u.ac.jp/
・東京大学 https://www.u-tokyo.ac.jp/

第1部

基礎知識編

本編では、高校物理までの領域に加えて
原子や宇宙、気象に関する物理学を紹介。
一度は聞いたことがある用語を
わかりやすく解説します！

第1章

物理学の超基本！ 力学

INTRODUCTION

ニュートンが発見した運動方程式が基本

物理学の基本は、あらゆる自然現象を何らかのルールによって行われる物体（原子）の振る舞いだと推測し、**論理的に数式として記述**すること。これを体系的にまとめたのが力学です。

その元祖と呼べるのがアイザック・ニュートン。彼は「ma ＝ F」という**運動方程式**を発見し、「物体の運動は運動方程式で完璧に説明できる」と主張しました。その後、多くの科学者たちはニュートンの運動方程式をもとにして、熱力学や電磁気学などに発展させました。

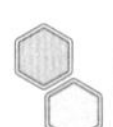

物体の運動とは「位置」と「速度」を知ること

力学の出発点は、ほぼすべて物体の運動に尽きるといっても過言ではありません。では、運動とはどういう意味でしょうか。たとえば、100メートル走を思い浮かべてみましょう。スタート地点とゴール地点へと走ってそのタイムを競うシンプルな運動ですが、力学ではスタート地点やゴール地点（位置）に、いつ（時間）存在しているのかを測ります。

この物体の位置を測るために用いられるのが「デカルト座標」と呼ばれる、**x 軸と y 軸を用いて表される座標**のことです。

デカルト座標

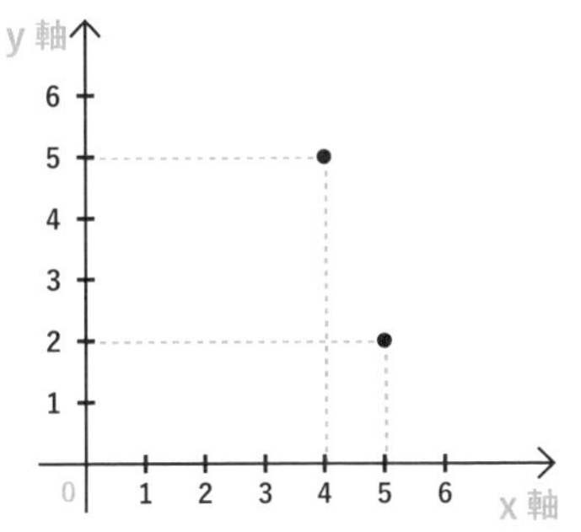

デカルト座標のx軸やy軸は、物体の「位置」を示すために開発されたんだよ！

物体の速度の変化を示す「加速度」

力学を理解するためには「位置」「速度」「加速度」を抑えておくことが大切です。力学における速度を少し難しく定義すると「速度＝単位時間あたりの変位」ということになります。変位とは、「位置が変化した分」という意味。また、物理の世界で時間の単位として用いられるのは「1秒」が一般的。つまり、速度とは「1秒間にどれくらい位置が変化したか」を表す数値だと考えてもらって結構です。

そして、物体の運動を正確に測定するために、速度が速くなっているのか、遅くなっているのかを把握することがポイントです。これが加速度と呼ばれるもので、「単位時間あたりの速度の変化分」を示しています。加速度は速度の変化を表すので、加速度がたとえゼロであっても速度が変わらないという意味にすぎず、必ずしも静止している状態ではないことに注意しましょう。

- 力学の土台となるのはニュートンの運動方程式
- 運動とは、いつ(時間)どこに(位置)あるのかを示している
- 速度の変化を表すのが加速度という概念

FILE.
001

等加速度運動

提唱者　アイザック・ニュートン
提唱された年　17世紀
関連する用語　加速度、慣性の法則、運動方程式

物理を学ぶとき、初期に習うのが等加速度運動です。その名の通り、**ある区間において、加速度が一定になる運動のこと**を指します。加速度とは、「ある時間あたりの速度の変化分」のこと。簡単にいうと、1秒間でどのくらい速くなったり遅くなったりしているのかを示すものです。加速度と速度とのちがいは位置の変化ではなく、速度の変化という点です。加速度が常に等しい運動の例として、ビルの上からリンゴを落としたときが挙げられます。このような落下運動のことを**自由落下**(→ P26)といいます。

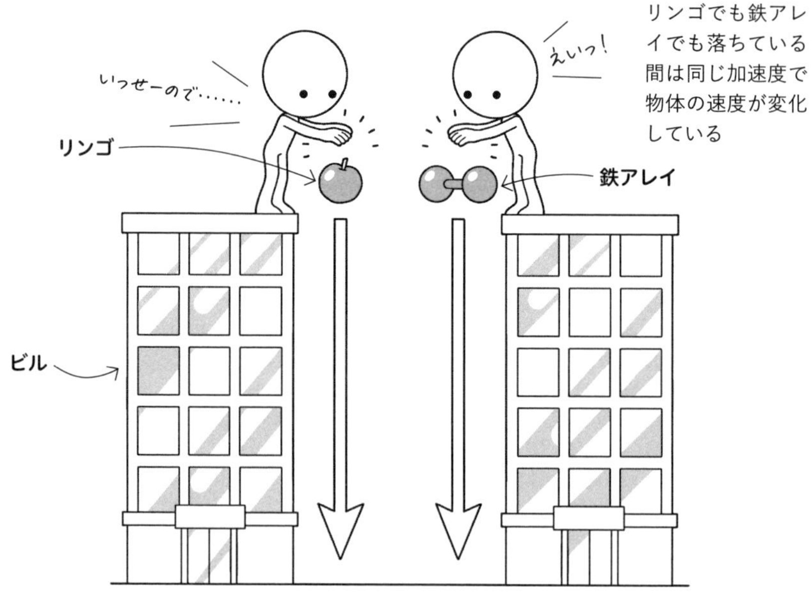

リンゴと鉄アレイは重さはちがうが、落ちる速度は同じ

この加速度という概念は、ニュートンが解明したものですが、実はそれ以前からイタリアのガリレオ・ガリレイが熱心に研究していました。ガリレオは、イタリアの有名建築であるピサの斜塔から質量の異なる2つの物体を同時に落としたところ、同時に地面に着地したことを観測したと伝えられています。実際にこの実験をやったかどうかについては議論が分かれていますが、それまでアリストテレスという紀元前4世紀の哲学者が提唱した「物体の落下する速度は質量に比例する」という説に反発したためだとされています。ガリレオは「速さと時間がわかれば位置がわかる」というところまでは到達しましたが、物体が移動するときに何らかの力が加わって動き方が変化するというところまでは計算することができませんでした。

ガリレオの研究を引き継ぐかたちでニュートンが加速度を解明。多くの高校生を悩ませる微分積分は加速度を計算するためにニュートンが編み出した

そこで登場したのがニュートン。彼は速さと位置の関係をひも解くうえで、「物体が力を受けると、まず加速度が変わり、加速度の変化が速さの変化となる。そして速さがわかれば位置がわかる」という結論に達しました。この加速度を計算するためにニュートンは微分積分を開発。苦手だったという人も多いかもしれませんが、ニュートンが非常に多くの功績を残したということはわかっていただけるかと思います。ちなみに、ガリレオが死んだほぼ1年後にニュートンが生まれたため、この2人が出会うことはありませんでした。

FILE.
002

作用・反作用の法則

提唱者	アイザック・ニュートン
提唱された年	1687年
関連する用語	慣性の法則、運動方程式

物理を理解するうえで**作用・反作用の法則**の理解は欠かせません。運動の「**第3法則**」などと呼ばれ、小学校の教科書などでは「人が壁を押したら、壁も人に力を加え、その力は同じ大きさになる」と解説されています。そのため、作用の力と反作用の力は常に拮抗(きっこう)していると誤解される方が少なくありません。しかし、作用・反作用の法則は力がつり合っていることを説明する法則ではなく、あくまで「**力は必ず２つセットで同時に生じる**」ことを主張したもの。たとえば、あなたが重力で地球に引っ張られているとしたら、あなたも同じように地球を引っ張っているという力の性質だと覚えておきましょう。

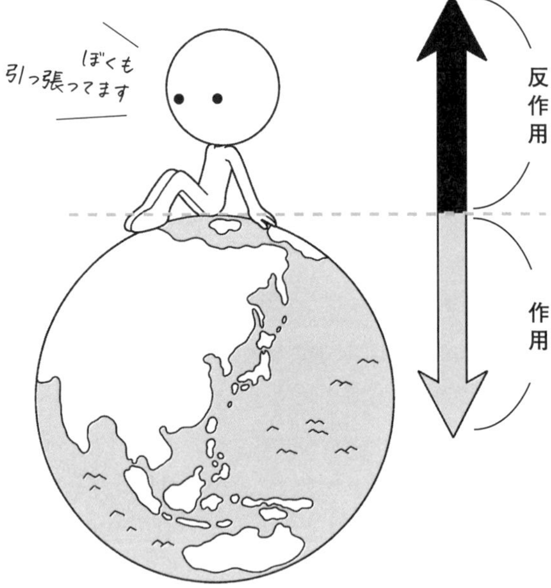

あらゆる力には必ず作用と反作用があるという性質を証明した法則。人が地面に座って静止していたとしても作用・反作用の力ははたらいている

FILE.
003

慣性の法則

提唱者 ガリレオ・ガリレイ、アイザック・ニュートン
提唱された年 16〜17世紀
関連する用語 加速度、運動方程式

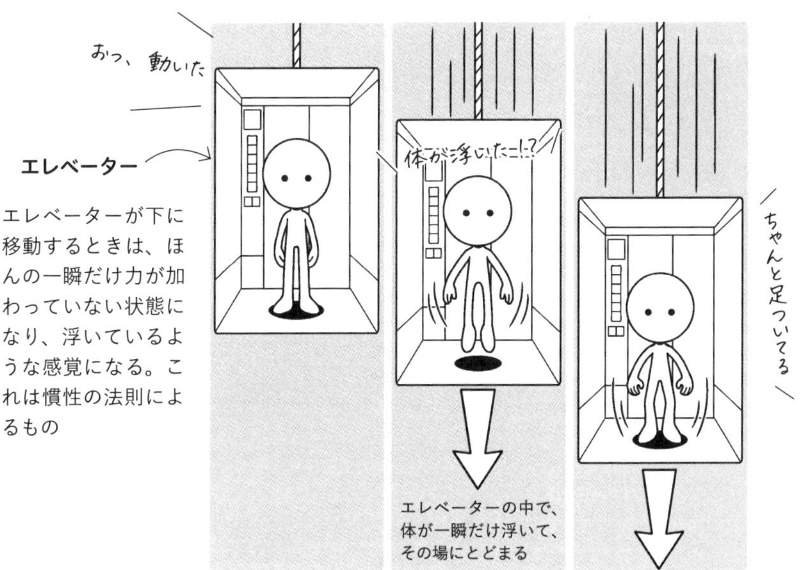

エレベーターが下の階に移動するとき、一瞬体が浮くような感覚になります。これは力学でいうところの**慣性の法則**で説明されます。慣性の法則は「力を加えない限り、静止している物体はそのまま止まり、動いている物体はその速度を保ったまま同じ速さでまっすぐ進み続ける」という物体の運動に関する基本的な法則です。エレベーターの例でいえば、**一瞬だけ体がその場に止まって、そのあとに重力によって下方向に加速している**のです。慣性の法則もまた、ガリレオによって発見され、ニュートンによって整理されました。ほかに「**第1法則**」とも呼ばれています。

FILE.
004

フックの法則

提唱者 ロバート・フック
提唱された年 1678年
関連する用語 弾性力、加速度、運動方程式

ばねやゴムひもを強く引っ張ると、その分だけ元に戻ろうとする力が強くなるという法則です。このときに生じる力のことを**弾性力**と呼び、ばねやゴムひもに何の力も加えていない状態のことを**自然長**といいます。この弾性力は、**自然長からの伸びや縮みの長さに比例**します。バラエティ番組などでお笑い芸人がゴムひもを口にくわえたまま引っ張って、離した際に顔に強い衝撃を与えるというシーンもフックの法則を活用したものです。引っ張る距離が長ければ長いほどお笑い芸人が痛そうにしていますが、あれは引っ張った距離が長ければ長いほど弾性力が強まるので、より衝撃が強くなるからなのです。

ゴムやばねを引っ張ったり押し込んだりすると、元に戻ろうとする弾性力がはたらく。ちなみに発見者のフックはニュートンとは犬猿の仲だった

COLUMN

古典物理で扱う基本的な力

物理学ではさまざまな力を扱うため、「何だかややこしい」と思う人もいるかもしれません。しかし物体が運動するときにはたらく基本的な力は7つ。どれも高校物理で習う範囲のもので、少し考えればあまり難しい話ではありません。まずは7つだけ覚えておきましょう。

7種類の力と身近な例

基本となる力を以下の表に示しました。ほかにも物体内ではたらく応力など、細分化すればさまざまな力がありますが、その多くはこれら7つの力を応用して考えることができます。ただ、量子力学でいう「電磁気力」「強い力」「弱い力」「重力」は別に考えておく必要があります。

●古典物理学で扱う力の種類

力の名前	概要	例
重力	万有引力と同じ意味。地球上のすべての物体にかかる地球の中心へと引き寄せられる力	リンゴが木から落ちる
垂直抗力	物体が面の上に接触して力を及ぼすとき、反作用として垂直方向にはたらく力	机に置いてある本が机から受ける力
弾性力	バネなどが外部から力を受けたときに元に戻ろうとする力	バネを引っ張って離したら元に戻る
張力	物体を伸ばすときにかかる引っ張る力	糸を引っ張っているときの力
摩擦力	運動している物体に対して逆方向からかかる力	平坦な場所で走っていたミニカーが自然に止まる
浮力	液体の中で重力とは逆向きにかかる力	浮き輪がプールに浮く
慣性力	物体が同じ状態を保とうとする見かけの力。遠心力なども含まれる	車が動き出すと、進行方向とは逆の力を感じる

FILE. 005

仕事とエネルギー

提唱者 ジェームズ・プレスコット・ジュールなど
提唱された年 18〜19世紀
関連する用語 運動方程式、力学的エネルギー、位置エネルギー

仕事やエネルギーという言葉は普段何気なく使っていますが、もともと物理学の分野で生まれた言葉です。エネルギーというのは、**物体を動かす力**のことで、さまざまな種類があります。また、「**物体に力を加えて、その力の向きに動かしたときの距離の合計**」を仕事といいます。いずれも［J（ジュール）］という単位で表され、その由来は熱力学を研究したイギリスの物理学者ジュールの名前にちなんだもの。ただ、エネルギーという言葉を初めて使ったのは流体力学で知られるダニエル・ベルヌーイだという説もあります。なお、仕事とエネルギーは、運動方程式から導き出されたものです。

仕事には基準となる方向があり、その基準によって正と負が決まります。たとえば、下のイラストのように左向きに進もうとしている人がいたとしましょう。このとき、人には3方向の力がはたらいています。人が動こうとしている左向きの力は「**正の仕事**」、進行方向とは逆の右向きの力を「**負の仕事**」、進行方向に直交している上向きの力は「**仕事をしない、つまり0**」となります。わかりやすく表現すると、「ちゃんと仕事をしているのは正、邪魔しているのが負、何をしているかよくわからないやつは仕事をしていない」ということになります。

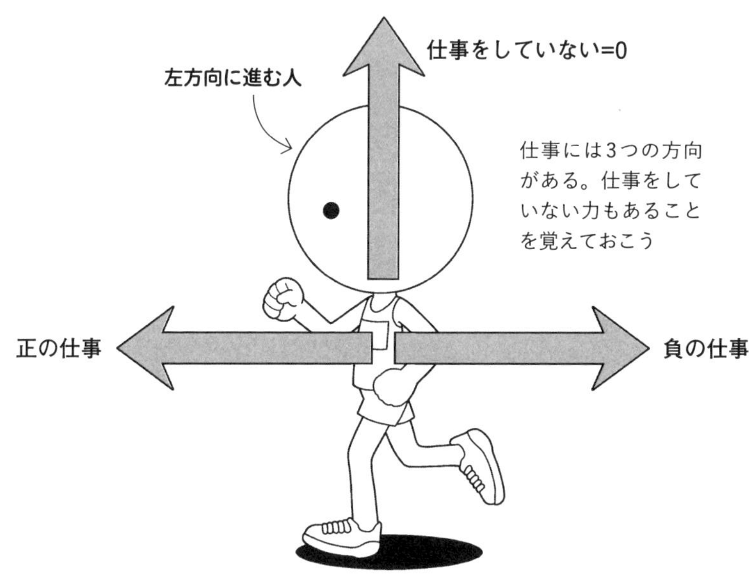

そして、物体がもつ代表的なエネルギーが、運動エネルギーです。英語でKinetic energyと訳されるため、運動エネルギーはよく[K]という記号で表されます。運動エネルギーと仕事の関係は、「**初めの運動エネルギーに、仕事を加えると、後の運動エネルギーになる**」と解釈でき、**エネルギー原理**とも呼ばれています。上のイラストに当てはめて考えると、人が左方向に動こうとしたとき、右側から追い風が吹いてきたとしましょう。このとき、追い風は正の仕事を後押しします。左方向に動こうとする運動エネルギーに、追い風という仕事が加えられ、後のエネルギーになっているのです。

FILE.
006

位置エネルギー

提唱者 ウィリアム・ランキンなど
提唱された年 19世紀ごろ
関連する用語 力学的エネルギー、ベクトル

重力による仕事のことを表す概念です。たとえば、9階と2階からそれぞれ物体を落とすと、9階では壊れたのに対し、2階では無事でした。これは重力による位置エネルギーの特徴のひとつで、**落下した高さだけで決定**されます。フワフワ落ちても、まっすぐ落ちても位置エネルギーは変化しません。

位置エネルギーは落下した高さ(＝位置)によって変わる

FILE.
007

ベクトル

提唱者 ウィリアム・ローワン・ハミルトンなど
提唱された年 1843年
関連する用語 位置エネルギー、力学的エネルギー

これまで説明してきた力や速度、運動量などを表す記号として用いられるのが**ベクトル**です。ベクトルは矢印で表され、「**向きと大きさをもつ量**」を示しています。ベクトルはハミルトンによって提唱され、のちにアメリカの数学者であるウィラード・ギブスによって、解析法が確立されていきました。

数学や物理で使用されるベクトル。矢印で力や速度などを表すため、さまざまな領域で活用されている

FILE.
008

力学的エネルギー

提唱者	ユリウス・ロベルト・フォン・マイヤーなど
提唱された年	19世紀ごろ
関連する用語	運動エネルギー、位置エネルギー、摩擦力

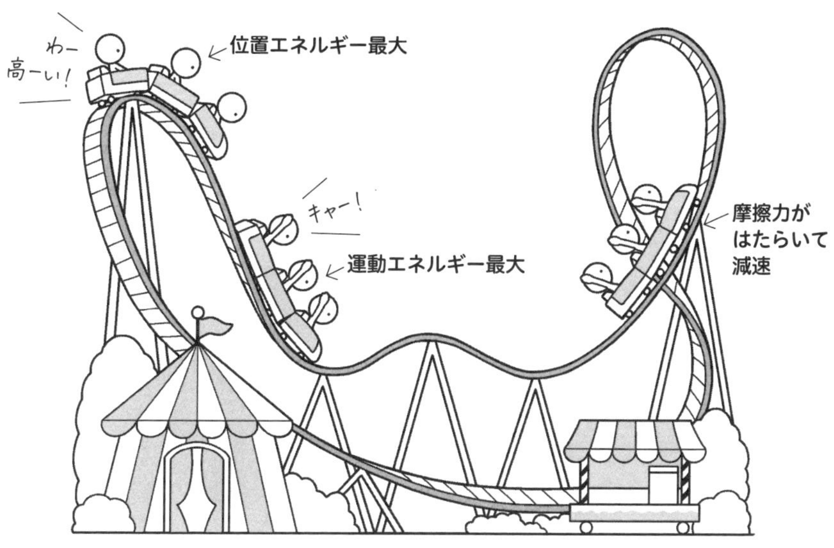

ジェットコースターは力学的エネルギーの代表例。運動エネルギーと位置エネルギーのはたらきで動いている

運動エネルギーと位置エネルギーの合計を指す言葉です。身近な例として挙げられるのがジェットコースター。多くのジェットコースターはまず最高到達点から落下し、これには位置エネルギーがかかわっているので落ちていきます。これは最も高いところから最も低いところへと最高の位置エネルギーがはたらいているからです。その後、下りきったところで速度が最大になり、運動エネルギーも最大になります。その後、曲がったり、レールとの**摩擦力**などによってコースターは減速・停止。ジェットコースターは運動エネルギーと位置エネルギーを足した力学的エネルギーで動いているのです。

FILE.
009

運動量保存の法則

提唱者 ルネ・デカルト
提唱された年 1644年
関連する用語 力積、運動量、運動エネルギー、位置エネルギー

①車Aと車Bはそれぞれの速度で走っている

②車Aがぶつかったとき、車Aには反作用の力がはたらく

③車Aと車Bの速度は変わるものの運動量は変わらない

デカルトが発見した運動量保存の法則。移動する物体が衝突したときが代表例で、一定の条件を満たしたとき車Aと車Bの運動量の和は同一になる

仕事とエネルギーの関係によく似ているのが、力積と運動量です。力積とは「ある物体に力を与えた時間の合計」を指し、運動量は「動いている物体の質量と速度をかけあわせたもの」です。力積は仕事と同じように、「初めの運動量に力積を加えると後の運動量になる」という特徴があります。仕事とエネルギーが力の距離の合計であるのに対し、**力積と運動量は時間の合計**を表し、こうして表される運動量は保存されるという性質があります。たとえば、車Aが車Bに衝突したとすると、衝突したときの力積はお互いに打ち消し合って、衝突前後の運動量の合計が同じになります。これを**運動量保存の法則**といいます。

FILE. 010

保存力・非保存力

提唱者 ヘルマン・ルートヴィヒ・フェルディナント・フォン・ヘルムホルツなど
提唱された年 19世紀
関連する用語 力学的エネルギー、運動量保存の法則、重力、摩擦力

保存力は物体の移動経路に関係なく常に一定になるという性質があります。運動量保存の法則に代表されるように、物理学にはさまざまな保存則があります。力学的エネルギーにも保存則があり、ほかにも「角運動量保存の法則」「質量保存の法則」などが挙げられます。力学的エネルギーの保存則が成立する条件のひとつが、重力などに代表される保存力のみがはたらいていることです。

［保存力］

保存力は位置エネルギーとして定義される重力などを指す

［非保存力］

非保存力は、明らかに仕事に影響を及ぼす力のこと

一方の非保存力は、「実際にどう動いたか」まで把握しないと仕事や運動量を求められない力のことを指します。先述したジェットコースターなどではたらく摩擦力は、非保存力の代表例です。

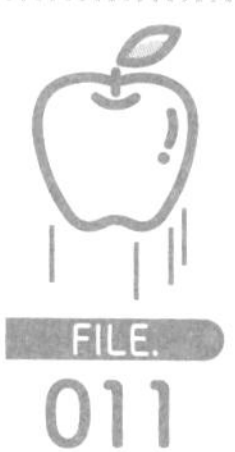

自由落下

提唱者 ガリレオ・ガリレイなど
提唱された年 16〜17世紀
関連する用語 円運動、万有引力

空気の摩擦や抵抗を受けずに、**重力のはたらきのみによって物体が落下する運動**のことを指します。特に宇宙空間では、自由落下によって人工衛星や月、地球などといった天体の動きを説明できるとされています。たとえば、月は常に地球に落ち続けています。では、なぜ月と地球は衝突しないのでしょうか。これは地球や月が円形をしていることと深く関係しています。月は地球に向かって落下しているものの、円運動(→ P28)をして着地することなく回り続けているのです。ちなみに、ニュートンは万有引力を用いて、月が地球に落ちてこないことを説明しました。

真空状態の宇宙空間では物体は自由落下しており、
円運動や重力のはたらきで衝突せずにすんでいる

FILE. 012

はね返り係数

提唱者 アイザック・ニュートン
提唱された年 17～18世紀
関連する用語 運動量保存の法則、相対速度

［はね返り係数・大］

［はね返り係数・小］

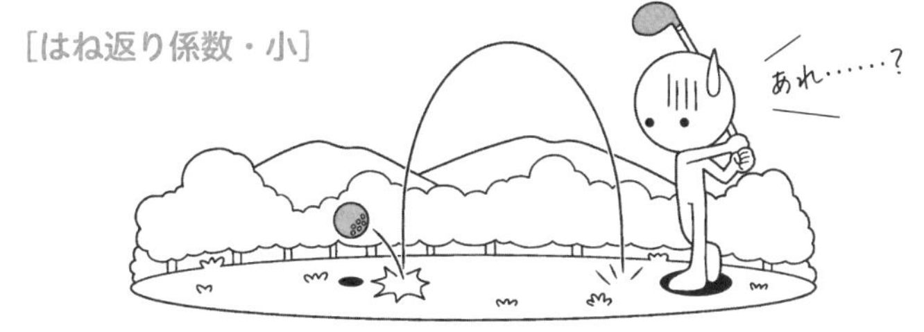

はね返り係数が大きくなればなるほど、衝突後の物体は大きく引き離される。バットやラケットを用いるスポーツでははね返り係数を定めていることが多い

物体と物体が衝突したあと、それぞれの物体が離れていく速度を数値化したものが、はね返り係数です。それぞれ動いている物体同士から見える速度のことを**相対速度**といい、動いている電車の中から、反対方向に走る電車を見ると非常に速く見える現象が典型例です。はね返り係数は「**衝突後の相対速度が、衝突前の相対速度より逆向きに大きくなる値**」を指します。**反発係数**とも呼ばれ、野球やゴルフといったスポーツには欠かせない数値です。反発係数は0～1の範囲で表され、値が1に近くなるほどはね返り係数が大きくなります。ゴルフでは公平性の維持のため、ドライバーは「0.830」までと制限されています。

FILE.
013

円運動

提唱者＝アイザック・ニュートンなど
提唱された年＝16〜17世紀
関連する用語＝運動方程式、自由落下、万有引力

文字通り、動いている軌道が円形のときの運動を指します。円運動を理解するためには、下のイラストの3つの物理量を頭に入れておきましょう。なお、角速度と半径をかけると「1秒で動くことのできる距離」という関係があります。そもそも円運動ができるのは、必ず円の中心に向かう**向心力**という力があるからです。たとえば、ハンマー投げの選手が中心でハンマーを回しているとき、ワイヤーの先についている砲丸には、中心に向かうワイヤーの張力（向心力）がはたらいています。向心力と似た言葉に遠心力がありますが、遠心力の場合は自分が円運動しているときしか感じられないので、意味が異なります。

［ 3つの物理量 ］

角速度＝1秒でどれくらいの角度を回るか

周　期＝1回転するのにかかる時間

振動数＝1秒で回れる回転数

角速度
半径

ここ大事ですよー！

円運動は天体の動きを理解するときにも重要になるので、基本となる3つの物理量を覚えておこう

FILE.
014

単振動

提唱者	ガリレオ・ガリレイなど
提唱された年	16世紀
関連する用語	運動エネルギー、位置エネルギー

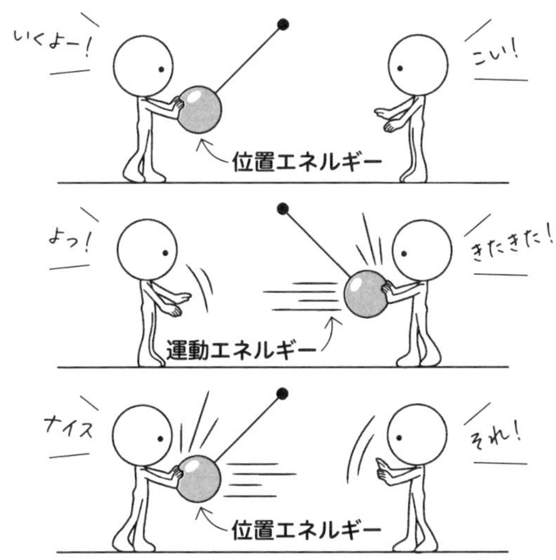

振り子の動きのことを物理学では単振動と呼ぶ。ガリレオが重りの質量に関係なく一定の時間で動くことを発見した

皆さんは「フーコーの振り子（→ P130）」という実験をご存知でしょうか。これは長い弦をもつ周期の長い振り子を長時間振動させ、地球の自転現象を観測した実験です。振り子は、物理学でいうところの**単振動という現象を繰り返す装置**で、質量や振幅に関係なく一定の周期で揺れます。その原理は、重りが左右どちらかにあるときに位置エネルギーをもち、重力によって下に移動したとき運動エネルギーになり、反対側に揺れるときに再度位置エネルギーが蓄積されて一度停止してから、また下に移動して繰り返すというもの。この動きが一定であることから振り子は時計などにも用いられているのです。

FILE.
015

万有引力

提唱者	アイザック・ニュートン
提唱された年	1687年
関連する用語	運動方程式、自由落下、円運動

物理が得意じゃなくても、ニュートンが木から落ちるリンゴを見て万有引力を発見したという逸話を知っている人は多いでしょう。この逸話は後世の創作である可能性が高いとされていますが、ニュートンは「なぜリンゴは落ちるのに、月は落ちてこないのだろう」と疑問に思ったのです。そこでニュートンは月は落下し続けているものの、**ともに引っ張り合ってもいる**ことを発見し、理論を組み立てていったのです。ニュートンはこの引っ張り合う力は月と地球だけではなく、この世のあらゆるものにはたらくと考え「**万物が有する引力**」という意味で**万有引力**と名づけました。

ニュートンは木から落ちるリンゴを見て、なんで月が落ちてこないのかを疑問に思い、万有引力の存在に気がついた

万有引力は質量をもつ物体には必ず存在し、2つの物体を引っ張り合っています。たとえば、皆さんとあらゆる物体の間には万有引力がはたらいているのです。ただ、万有引力を表す定数は非常に小さいため、普段の生活で感じることはできません。もし人間が万有引力を感じるのであれば、少なくとも片方の物体は天体レベルの質量をもっている計算になります。私たちが普段感じることのできる万有引力は、地球との間にはたらく重力だけ。よく万有引力＝重力だと解釈されることがありますが、それは重力が万有引力を示すわかりやすい代表例だからなのです。

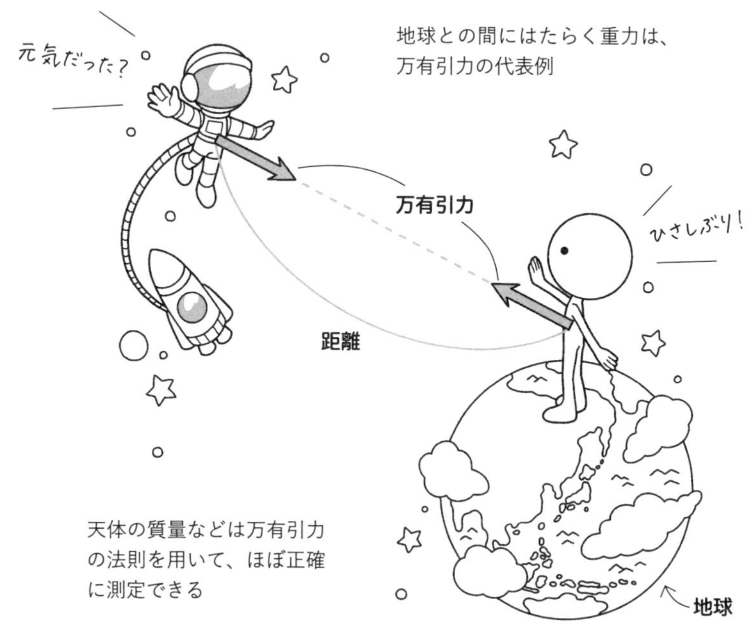

2つの物体にはたらく万有引力は、それぞれの物体の質量に比例し、物体間の距離の2乗に反比例します。これをニュートンは万有引力の法則と名づけました。この法則を用いると、それぞれの物体がもつ質量と、それぞれの間の距離さえわかれば万有引力の大きさがわかるようになっています。また、この式を活用して、物体の質量を逆算することもできます。地球などの天体の質量は万有引力の法則で、ほぼ計算できるのです。

FILE.
016

宇宙速度

提唱者 = アイザック・ニュートン
提唱された年 = 17世紀
関連する用語 = 運動方程式、円運動、万有引力

ニュートンの運動方程式は、実にさまざまな発見を促しました。そのひとつが宇宙速度です。宇宙速度には第1から第3までがあり、それぞれ意味合いが異なります。まず、第1宇宙速度は、地球上で剛速球を投げて、自分の投げたボールが後ろから当たる速度のことで、**時速約2万8400キロ**が必要になります。次に、第2宇宙速度は、地球上からまっすぐ上にボールを投げて、宇宙空間に飛び出す速度を指し、**時速約4万300キロ**。これはスペースシャトルなどの速さに応用されています。第3宇宙速度は第2宇宙速度と似ており、太陽の重力を振り切るために必要な速度。なんと**時速約6万100キロ**にもなります。

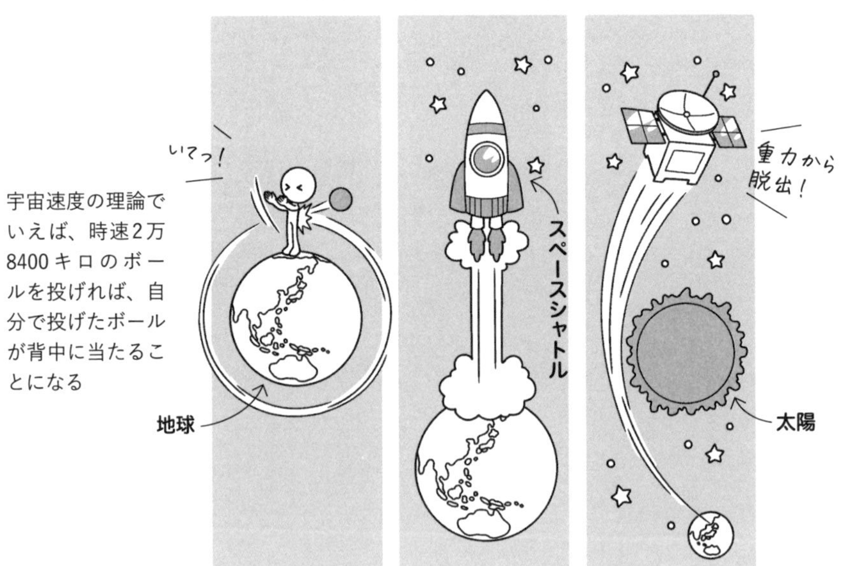

FILE.
017

シュヴァルツシルト半径

提唱者	カール・シュヴァルツシルト
提唱された年	1916年
関連する用語	運動方程式、宇宙速度

第2宇宙速度は「脱出速度」とも呼ばれ、重力から逃れるための速度だといえます。では、**第2宇宙速度が光速よりも速い天体**(星など)があったとしたらどうなるでしょうか。光速は秒速で約30万キロとされ、現在の物理学ではこれ以上速い物体はないと考えられています。そのため、第2宇宙速度が光速より速いということは、その天体から絶対に出られないことになります。そんな天体があるとしたら、半径はどのぐらいになるのだろうかと考え、計算されたのがシュヴァルツシルト半径です。これを計算すると、**地球の場合、質量が半径8ミリに収まれば、脱出できなくなる**とされています。

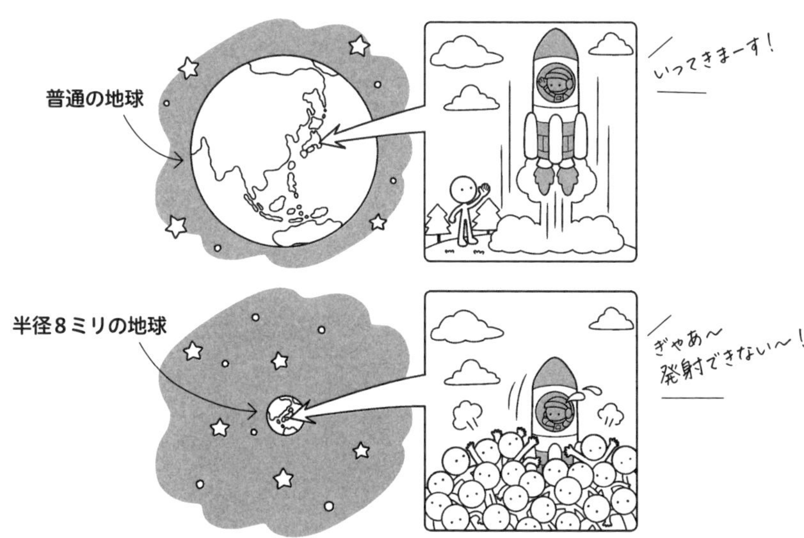

地球の半径が同じ質量をもったまま8ミリ以下になったとき、誰も出られなくなる。このシュヴァルツシルト半径の考え方はブラックホールの特徴を表す

FILE.
018

ケプラーの法則

提唱者 ＝ヨハネス・ケプラー、ティコ・ブラーエ
提唱された年 ＝1609〜1619年
関連する用語 ＝天動説、地動説、惑星

ニュートン以前にも、天体の運動を解明しようとする科学者がいました。なかでもケプラーが発見した3つの法則は重要な礎となっています。

第1法則：惑星は太陽をひとつの焦点として楕円軌道を描く

第2法則：惑星と太陽を結ぶ線分で表される面積速度は一定

第3法則：惑星の公転周期の2乗は、楕円軌道の長半径の3乗に比例する

ケプラーの法則は、のちにニュートンが確立した運動方程式などの力学で証明されました。ケプラーは膨大な天体観測データを用いて、現在はハレー彗星として知られる彗星の観測など、多大な功績を残しました。

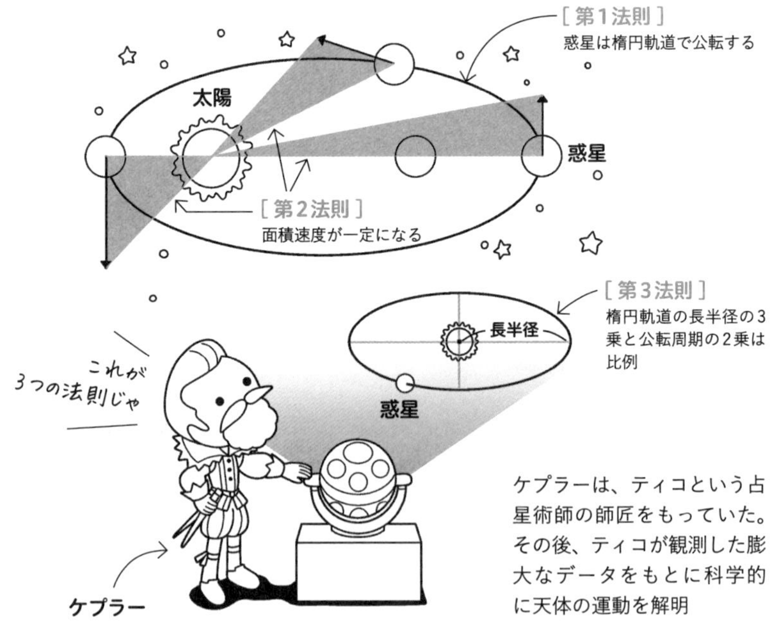

ケプラーは、ティコという占星術師の師匠をもっていた。その後、ティコが観測した膨大なデータをもとに科学的に天体の運動を解明

FILE. 019

力のモーメント

提唱者	アイザック・ニュートン、レオナルド・ダ・ヴィンチなど
提唱された年	17世紀
関連する用語	運動方程式、重心

大きさはもたないが、質量をもつ物体を**質点**、質量と大きさをもち、変形することのない物体を**剛体**と呼びます。この剛体の運動を議論するときに欠かせないのが、物体を回転させようとする作用を表す**力のモーメント**です。力のモーメントは剛体を支える**支点**からの距離と、動かす力の大きさで決まります。

力のモーメントの代表例がドア。蝶つがいの部分が「支点」で、ドアノブに力をかけ回転作用を起こす

FILE. 020

重心

提唱者	アルキメデスなど
提唱された年	紀元前3世紀ごろ
関連する用語	運動方程式、てこの原理

日常的に使用される言葉ですが、科学的には「**質量の平均位置**」として定義されます。おもに剛体を基準にして考えられますが、**重さ的にバランスが取れる位置にある**のが重心です。重心を支えると、ほかの部分の重力を支えられるため、建築分野などでは非常に重視されています。

重心を最初に発見したとされているのが古代ギリシアのアルキメデス。その後、運動方程式などによって解明された

FILE. 021

アルキメデスの原理

提唱者 ＝アルキメデス
提唱された年 ＝紀元前3世紀
関連する用語 ＝流体力学、パスカルの原理、ベルヌーイの定理

力学はさまざまな分野で活用されていますが、なかでも空気や水といった流体の運動に焦点を当てたものを**流体力学**といいます。この分野で最も有名な法則が「アルキメデスの原理」です。これは「流体の中に沈んだ物体は、物体が押しのけた流体の重さに等しい上向きの**浮力**を受ける」というものです。勢いよくプールに飛び込んだとき、少しだけ体が浮くことがあると思いますが、これを科学的に解明したのです。アルキメデスが礎を築いた流体力学は、17～18世紀になって、水圧の特徴を証明した**パスカルの原理**や、水の運動を解明した**ベルヌーイの定理**が発見されたことで、大きく発展していきました。

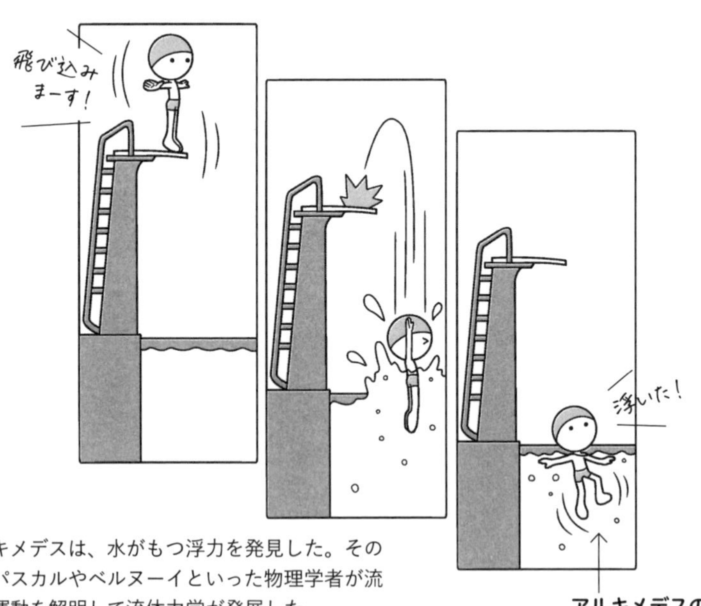

アルキメデスは、水がもつ浮力を発見した。その後、パスカルやベルヌーイといった物理学者が流体の運動を解明して流体力学が発展した

COLUMN

古典物理学と現代物理学のちがい

私たちはよく「物理的に〜」などと話すことがあります。たとえば、ピッチャーが投げたボールをバッターが打ち返すとき、そこに反発力が加わってボールが前に飛びます。これを一般的に「物理的」な現象として捉えています。しかし、これはあくまで古典物理学でのお話。実は現代物理学では、ボールが前に飛ばないことも「物理的」なのです。

現代物理学では「物理的」という常識が通用しない!?

日常生活で接する物理学的現象の基本法則は、ニュートンの運動方程式に始まり、19世紀までにほぼ完成しています。これが古典物理学と呼ばれるものです。主に目に見える物体の運動やエネルギーの移動などを扱う分野だと考えてください。

一方、現代物理学は、主に相対性理論や量子力学といった20世紀以降に発展した分野を指します。たとえば、光速に近い速度で動くとき、天文学的に強い重力を受けるとき、あるいは超ミクロの世界で必要とされる法則などを扱います。こうした現象は、あまり日常生活に関係ないと思われがちですが、実は半導体(→ P220)や LED (→ P224)などの身近なものに応用されていたりもします。たとえばトンネル効果(→ P225)。簡単にいってしまえば、目に見える物体同士でもぶつかったときに「すり抜ける」可能性があるという現象です。とんでもなく低い確率ですが、現代物理学の法則ではボールがバットをすり抜けることもあり得るのです。

第２章

気体の力を考える！ 熱力学

INTRODUCTION

熱現象を力学に当てはめて考える！

私たちは普段から「熱」や「温度」というものを肌で感じ、数値化したものを目にしています。この熱現象を力学的に解明しようとするのが熱力学です。もともと熱現象は、力学と切り離して考えられていました。

力学と熱力学があえて分けられているのは、力学が目に見える人や物体を対象としているのに対し、熱力学は気体や液体を構成する原子や分子といった粒子の動きを対象にしているからです。そのため熱力学は「超多粒子系力学」と呼ばれることもあります。

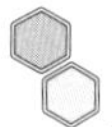

粒子の運動を確立統計論として捉える

では、熱の正体とはいったい何でしょうか。答えは「エネルギー」です。たとえば、熱いお湯に冷たい氷を入れると、氷は必ず溶けてだいたい熱湯と氷の中間の温度になります。熱力学では、この熱現象を個々の粒子の動き（エネルギー）として捉えるのです。

一方、粒子は目に見えないため、個々の運動の様子はわかりません。そこで、「お湯に氷を入れたら冷める」という現象が、ほぼ100%起こるという確率統計論として考えます。

熱の概念

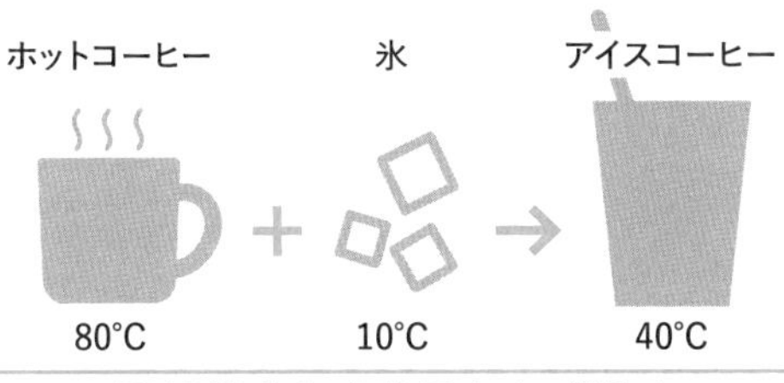

受け渡された「何か」=「熱」

熱と温度の定義のちがいを理解しよう！

さて、「熱」と「温度」のちがいをご存知でしょうか。あまり意識したことがないかもしれませんが、厳密にいえばそれぞれの定義は異なります。熱というのは、あくまで**物体（粒子）間で受け渡される**もの。熱湯に氷を入れたときに、お互いに何らかを受け渡して、中間の温度になると考えられました。一方、温度は、その物体がどのぐらい熱いのか冷たいのかを示す指標のようなもので、その物体を構成する粒子の**運動エネルギー**を指しています。ちなみに熱いものは運動エネルギーが高く、冷たいものは低くなります。

温度を示す数値として、日常的には「**セルシウス温度（℃）**」が用いられていますが、実は温度をわかりやすく百等分しただけにすぎず、正確とはいいきれません。そのため、熱力学では、ケルビンが提唱した「絶対温度（K）」という単位を用います。分子が動かない絶対温度は「0K」で、セルシウス温度では－273℃になります。

POINT

- 熱力学は、熱現象を小さな粒子の運動として捉える
- 熱は物体間で受け渡されるエネルギーのこと
- 温度は物体を構成する粒子の運動エネルギーを指す

FILE.
022

セルシウス温度(摂氏)

提唱者	アンデルス・セルシウス
提唱された年	1742年
関連する用語	華氏、絶対温度、ボルツマン定数

温度の指標として日常的によく用いられるのがセルシウス温度です。日本語では「**摂氏**」とも表現されます。スウェーデンの天文学者セルシウスが考案したもので、水が氷になる温度(**凝固点**)を0°C、水が沸騰する温度(**沸点**)を100°Cと定義しています。おそらく多くの人が常識だと思っているでしょうが、温度を示す指標には、ほかにも「**華氏**」があり、凝固点を32°F、沸点を212°Fとしています。このようにセルシウス温度は、**温度の指標を扱いやすいように0～100に分割**にしたにすぎません。そのため、実はあまり科学的とはいえず、力学的に温度を理解するときには、おもに絶対温度が用いられています。

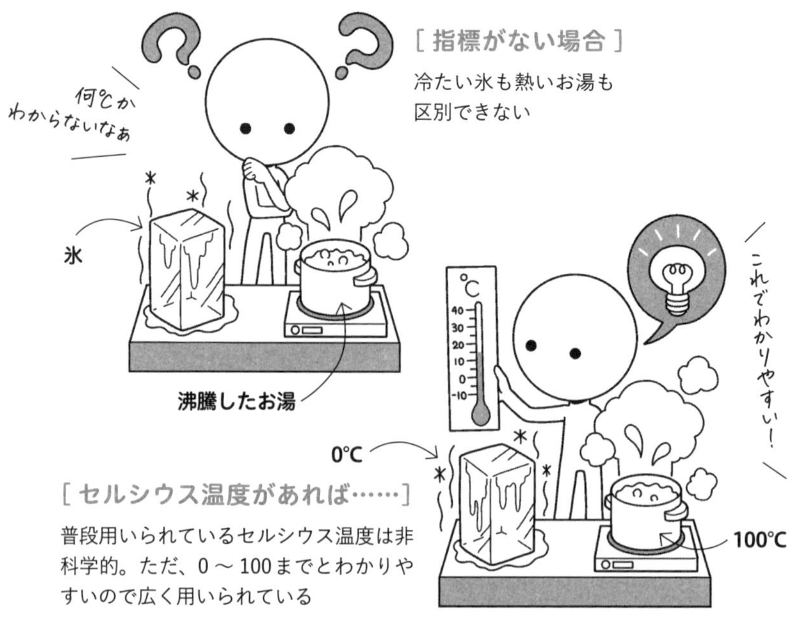

FILE.
023

絶対温度

提唱者 ＝ ウィリアム・トムソン
提唱された年 ＝ 1848年
関連する用語 ＝ セルシウス温度、ボルツマン定数

熱いお湯に水を足すと適温になるのは、エネルギーの運動が均一化されるために起こる

物体の温度をより力学的に定義したものが**絶対温度**です。イギリスの物理学者トムソンが提唱したもので、温度を運動エネルギーとして捉え直しました。**熱いもの**は構成している分子が激しく動き回って**運動エネルギーが大きく**、**冷たいもの**は分子の動きが穏やかで**運動エネルギーが小さくなって**います。つまり熱の正体はエネルギーであり、熱いものと冷たいものが合わさるとそれぞれのエネルギーの運動が均一になっていくために「熱が冷めていく」ことになります。単位は［**K（ケルビン）**］で表されますが、これはトムソンが過ごしたグラスゴーのケルビン川にちなんで「ケルビン卿」と呼ばれたことに由来しています。

FILE.
024

ボルツマンの原理

提唱者 ＝ ルートヴィッヒ・ボルツマン
提唱された年 ＝ 1877年
関連する用語 ＝ 伝熱、熱伝導、ボルツマン定数、エントロピー

熱エネルギーの移動は熱力学の基礎であり、伝熱や熱伝導などとも呼ばれます。ニュートンの運動方程式をもとにして後世にさまざまな科学者が研究を進めましたが、その一人がオーストリアの物理学者ボルツマンです。ボルツマンは熱現象を統計的に捉え直し、ボルツマンの原理という考え方を提唱しました。なかでも、気体の運動エネルギーが温度によってどのように変化するかを示すボルツマン定数という値を考案したことが、大きな功績となりました。これによって「でたらめさの値」とも呼ばれるエントロピーを熱力学的に解釈することができるようになったのです。

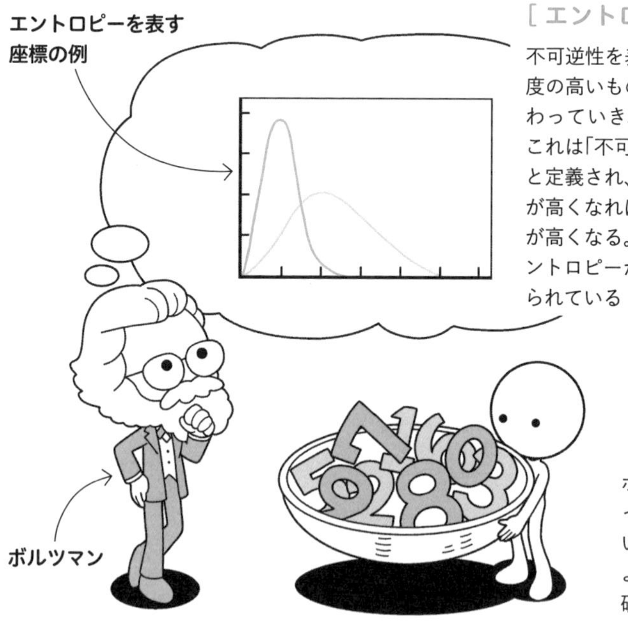

［ エントロピーとは？ ］

不可逆性を表す概念。熱は必ず温度の高いものから低いものへと伝わっていき、その逆は起きない。これは「不可逆性をともなう現象」と定義され、エントロピーの数値が高くなればなるほど、不可逆性が高くなる。熱と同様に時間もエントロピーが高い物理量だと考えられている

ボルツマンの原理によって、エントロピーという概念を捉えられるようになり、物理学の研究を発展させた

FILE. 025

比熱

提唱者 ジョセフ・ブラック
提唱された年 不明
関連する用語 絶対温度、熱容量

ある物質1グラムの温度を1ケルビン上げるために必要な熱量を示す値です。比熱は**それぞれの物質によって固有の値**をもっています。たとえば、鉄の比熱は0.45で、水は4.2となっています。この値が大きければ大きいほど、温まりにくく冷めにくくなります。つまり**水は鉄よりも温まりにくい**のです。

鍋で水を熱したとき、先に鍋が熱くなるのは比熱のちがいによるもの

FILE. 026

熱容量

提唱者 ジョセフ・ブラック
提唱された年 不明
関連する用語 絶対温度、比熱

比熱と似たように、ある物体の温度を1ケルビン上げるために必要な熱量を示した値です。ただ、**比熱は「純物質」**に用いられるのに対し、**熱容量は「混合物」**に用いられます。たとえば、カレーは水のほかに、ルウや調味料などが混ざるため、単純な比熱ではなく熱容量で考える必要があるのです。

カレーは肉や野菜が混ざる混合物なので、熱容量を用いて考える

FILE.
027

理想気体

提唱者 ロバート・ボイルなど
提唱された年 17〜19世紀
関連する用語 ボイル・シャルルの法則、状態方程式、内部エネルギー

熱によるエネルギーの現象を解釈するとき、固体や液体では分子同士がお互いに結びついており、その動き方が非常に複雑で、計算も困難になります。そこで熱力学では、熱現象を分子同士が完全に動き回れる状態である気体で考えます。そこで用いられるのが**理想気体**という概念。厳密にいえば、気体も分子同士の結合の仕方や分子の大きさなどにちがいがあります。そこで、**分子の大きさも無視して、完全に自由に動き回れる状態を仮定したもの**として理想気体を考えました。要するに、理想気体は熱現象を理解するためにつくられた実在しない仮想の気体であり、計算を便利にするものです。

現実には実在しない気体だが、酸素や窒素、ヘリウムなどが理想気体に近いとされている

FILE.
028

ボイル・シャルルの法則

提唱者 ロバート・ボイル、ジャック・シャルル
提唱された年 17～19世紀
関連する用語 理想気体、状態方程式、内部エネルギー

気体は**体積、圧力、絶対温度、分子の個数(物質量)の関係**を基準に考えられます。理想気体においては分子が完全に自由なので、物質量が常に一定だと仮定できます。1662年、イギリスのボイルは「絶対温度が一定のとき、圧力と体積をかけた値は一定になる」という法則を発見。その約130年後、今度はフランスのシャルルが「圧力が一定のとき、体積を温度で割った値は一定になる」と証明しました。この2つの法則をひとつにまとめると、「**気体の体積は、圧力に反比例し、温度に比例する**」となります。これが**ボイル・シャルルの法則**です。この考え方は、気体の性質と熱力学の基本となりました。

[2人が独自に研究したものを……]

[ひとつに まとめて法則に!]

ボイルとシャルルがそれぞれ発見した2つの法則を合わせることで、熱力学の発展を推し進めることとなった

FILE.
029

状態方程式

提唱者	ロバート・ボイル、ジャック・シャルル
提唱された年	17〜19世紀
関連する用語	理想気体、ボイル・シャルルの法則、内部エネルギー

ボイル・シャルルの法則で導き出されたのが**状態方程式**です。これは理想気体に適用されるもので、この方程式を発展させると、気体の分子量を割り出すことができます。つまり、状態方程式は理想気体という架空の気体を用いて導き出された方程式でありながら、**実在する気体の分子量などを割り出す**ためにも活用できるのです。この考え方は、熱力学を発展させ、現在の機械工学などにも幅広く活用されています。気体の変化を方程式で計算できるので、論理的に熱エネルギーの動きを理解できるようになりました。

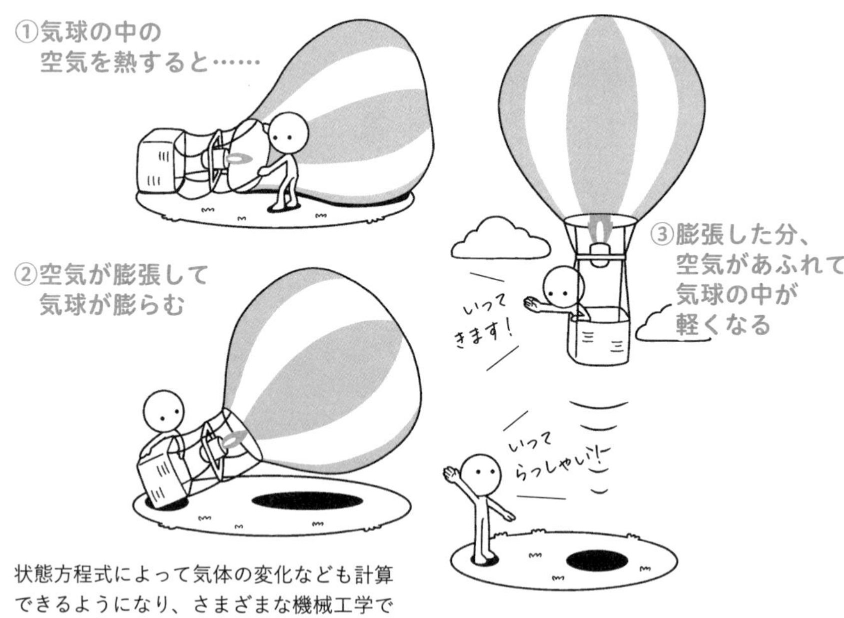

状態方程式によって気体の変化なども計算できるようになり、さまざまな機械工学でも用いられている。気球はその代表例

FILE. 030

内部エネルギー

提唱者 ウィリアム・トムソン
提唱された年 19世紀
関連する用語 状態方程式、熱力学第1法則

分子の運動エネルギーの合計値のことを内部エネルギーといいます。いわば分子がもっているエネルギーの量のようなもので、運動エネルギーや位置エネルギーとは異なり、人間が知覚するのは難しい非常にミクロなエネルギーです。本来はさまざまな条件が重なるので複雑な計算になりますが、理想気体で考えると、比較的容易に求めることができます。くわしい計算は省きますが、ここから求められた式から、内部エネルギーは「温度に比例する」という性質がわかります。つまり、状態方程式などを用いて温度を求めれば、その分子がもつ内部エネルギーを推測できるということになります。

FILE.
031

熱力学第1法則

提唱者 ルドルフ・クラウジウス
提唱された年 1850年
関連する用語 状態方程式、内部エネルギー

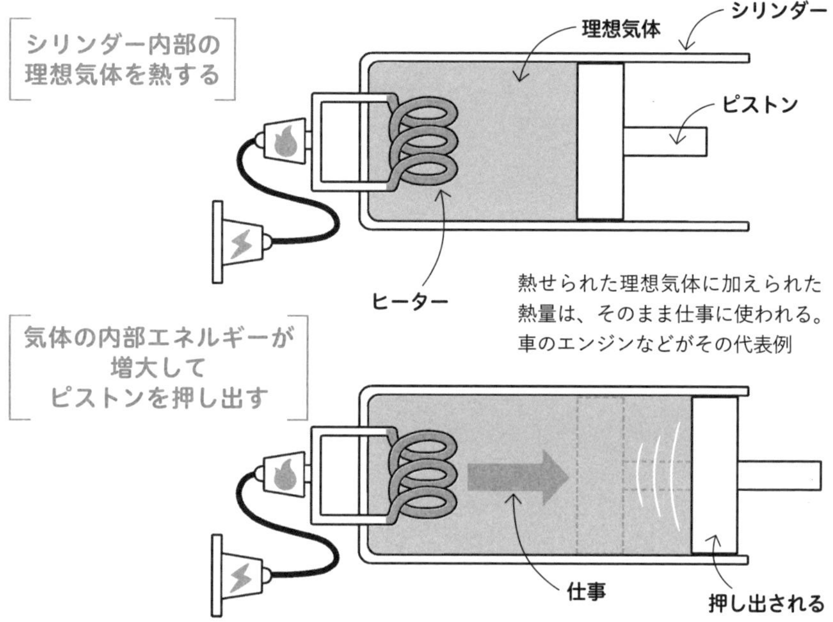

熱力学第1法則とは「**エネルギーがひとりでに増えたり消えたりしない**」ことを定式化したものです。上のイラストは、「ある物質の外部から熱エネルギーや力学的エネルギー（→ P23）を加えたときのエネルギーの収支」を表しています。シリンダーの中に含まれた理想気体をヒーターで熱したとしましょう。その際、**熱せられた気体は、ヒーターからもらった熱量の分だけ内部エネルギーが増大して、シリンダーを抑えていたピストンを押し出す仕事をします。**この法則を活用して成り立っているのが自動車のエンジンです。ガソリンを燃やして得たエネルギーを、ピストンを動かす力に変えているのです。

COLUMN

気象を測定する基準 気体の質量

気体の状態方程式を活用するためには、分子間の力をもたない理想気体を用いなくてはなりません。それに対し、実在する気体には分子間に力がはたらいており、体積をもっています。こうした物体の特徴は密度や比重などによって表されます。

比重と密度によって異なる特徴

空気は温度が高ければ体積が大きくなるという特徴があります。重さ(質量)が変わらずに体積が増えれば、密度が小さくなり、逆に温度が低ければ、体積が小さくなるので密度が大きくなります。一方で、この体積を水を基準にして比率を表したものが比重です。下表は実在する主な気体の密度と比重を示したもの。密度が小さい気体は、密度の大きい気体より上にいきます。つまり、冷たい空気と暖かい空気が隣り合っていれば、暖かい空気は軽いため上がっていき、冷たい空気は重いために下がっていきます。この性質は気象を測定するときの基本的な法則になります。

●古典物理学で扱う力の種類

気体	密度	比重
空気	1.293	1.293
水蒸気(100°C)	0.598	0.598
水素	0.0899	0.0899
窒素	1.250	1.250
二酸化炭素	1.977	1.977
酸素	1.429	1.429

気体	密度	比重
アセチレン	1.173	0.907
アルゴン	1.784	1.380
アンモニア	0.771	0.597
エタン	1.356	1.049
エチレン	1.260	0.974
一酸化炭素	1.250	0.967

FILE. 032

定積変化

提唱者 ルドルフ・クラウジウスなど
提唱された年 19世紀以降
関連する用語 状態方程式、内部エネルギー、熱力学第1法則

熱力学第1法則によって、気体はエネルギーの収支によって変化することがわかりました。その気体の変化のなかでも「**体積が一定の変化**」を指すのが定積変化です。この変化では、ピストンによって容器の中に押し込まれている気体の体積が変わらないため、48ページで述べたような仕事にはならず、分子の**内部エネルギーが増加するだけ**になります。

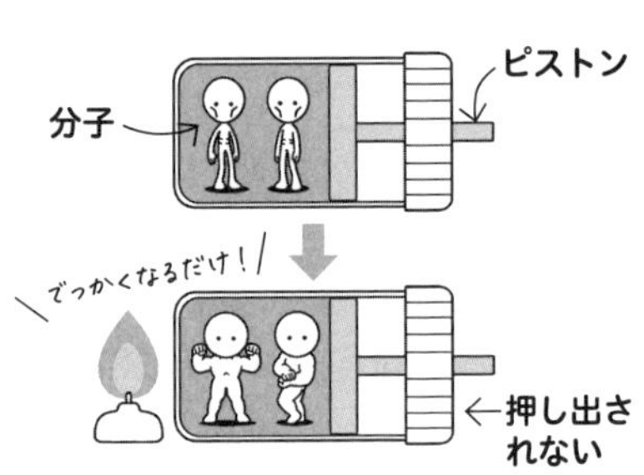

容器の中の気体を熱しても体積が変わらず、外部への仕事にならない変化

FILE. 033

定圧変化

提唱者 ルドルフ・クラウジウスなど
提唱された年 19世紀以降
関連する用語 状態方程式、内部エネルギー、熱力学第1法則

気体の圧力が一定の変化をすることをいいます。先述の定積変化では、ピストンが押し出されませんでしたが、定圧変化では増加した熱量が仕事に変えられるため、徐々にピストンが押し出されていきます。加えられた**熱量の一部が仕事になり、そのほかは内部エネルギーに変化**します。

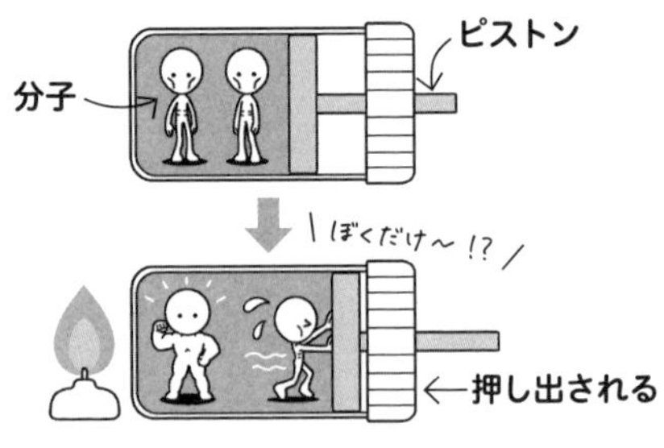

定圧変化は気体の圧力が変わるので、ピストンが押し出される

FILE.
034

等温変化

提唱者	ルドルフ・クラウジウスなど
提唱された年	19世紀以降
関連する用語	状態方程式、内部エネルギー、熱力学第1法則

温度が一定の変化をする気体の変化を指します。これは温度が一定なので、熱力学第1法則で考えると内部エネルギーも一定ということになります。つまり、内部エネルギーは増加せずに、すべてが仕事に変わるので、加えられた熱が、すべて押さえていたピストンを押し出す力に変えられます。

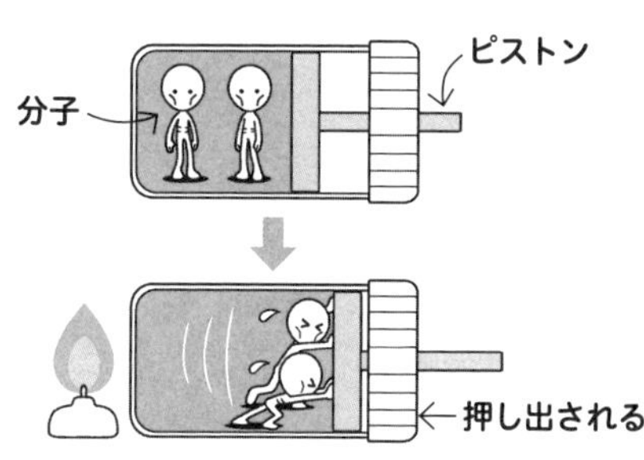

加えられた力は内部エネルギーにはならず、すべてが仕事に変換される

FILE.
035

断熱変化

提唱者	ルドルフ・クラウジウスなど
提唱された年	19世紀以降
関連する用語	状態方程式、内部エネルギー、熱力学第1法則

断熱変化は文字通り、熱を断ったままの変化のことです。この変化ではもらう熱が0になります。また、断熱で圧縮すると温度は上がり、膨張すると温度が下がります。気象ではよく起こる現象で、雲(→ P137)ができる過程やフェーン現象(→ P147)などがその典型例として知られています。

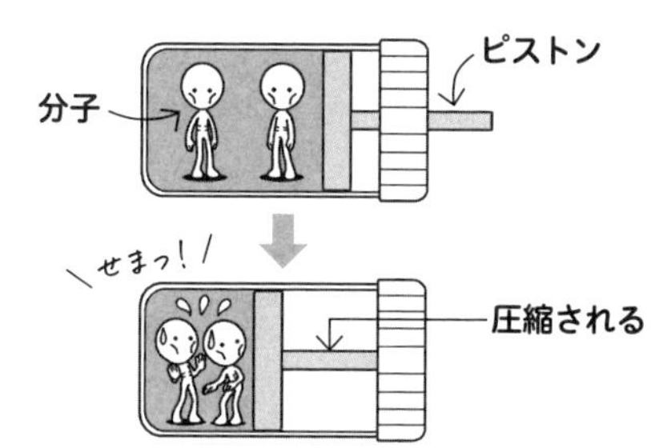

熱力学における断熱は、内部の容積が圧縮されることを意味している

FILE.
036

気体分子運動論

提唱者 ジェームズ・マクスウェル、ルドルフ・クラウジウスなど
提唱された年 18〜19世紀
関連する用語 熱力学第1法則、ボルツマンの原理、エントロピー増大則

これまで述べてきたように、気体によって容器には圧力が生じます。この圧力によって容器に何らかの変化が起こるのはマクロな動きですが、この**圧力の原因を分子の動きに注目したものを気体分子運動論**といいます。たとえば何も入っていないビンがあったとしましょう。ビンの中には、何もないように見えますが、当然ながら気体が入っています。私たちの視点では、当たり前のことですが、昔の科学者たちは「なぜビンのふたは閉じていて、そのまま平衡状態を保っているのだろう」と疑問をもちました。そして、この気体の平衡状態を説明するために、実に多くの時間が割かれたのです。

この平衡状態を説明するため、ボルツマンはクラウジウスが1865年に発表したエントロピー増大則に着目しました。エントロピー増大則とは、「100°Cの鉄と50°Cの鉄を接触させると、高温側から低温側へ熱が移動し、全体が均一になる」という法則のことを指します。のちにボルツマンの原理として理論的に説明されることで、この主張を支持したのがマクスウェルでした。マクスウェルは、ボルツマンの考えに同調して、熱力学的に平衡状態にある気体において気体分子の速度分布をまとめました。これは後世において、マクスウェル・ボルツマン分布として知られるようになりました。

こうして、さまざまな科学者が提唱した理論が組み合わせられて、気体分子運動論は確立されていきました。この気体分子運動論は、ニュートン力学と確率統計論を組み合わせたようなものであり、熱力学の基礎として成立しました。そのため、熱力学は統計物理学の考え方が散りばめられています。こうした分子に対する確率論的な立証方法は、宇宙や量子論を語るのに欠かせません。

第3章

波はどうやって起こる？ 波動

INTRODUCTION

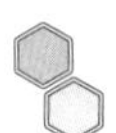

波は細かい粒子の振動によって起こる！

一般的に波というと、海や川といった水面をイメージすることが多いと思いますが、物理学で扱う波動には、水面の波だけでなく、ひもや弦、音の振動、地震なども含まれます。こうした振動現象を細かい粒子の振動として考えるのが波動で、物理学の基礎を学ぶうえで非常に重要な分野です。

粒子の振動で波が進んでいるように見える

波は粒子の振動によって起こりますが、これらの波を伝える粒子のことを「媒質（ばいしつ）」と呼びます。波現象を物理的に定義すると、「媒質の振動が空間を伝わっていく現象」となります。ここで気をつけておきたいのは、波という物体があるのではなく、あくまで現象であること。波の正体は、媒質の振動がタイミングがずれて伝わっていくことで観測されるものだと考えてください。

たとえば、１本のひもの端を揺らしたとき、最初の波が山をつくって進行方向に伝わり、また次の波が伝わっていきます。このとき、実際に動いているのは媒質（粒子）であり、タイミングがずれて振動し、あたかも波が進んでいるように見えているのです。

波の伝わり方

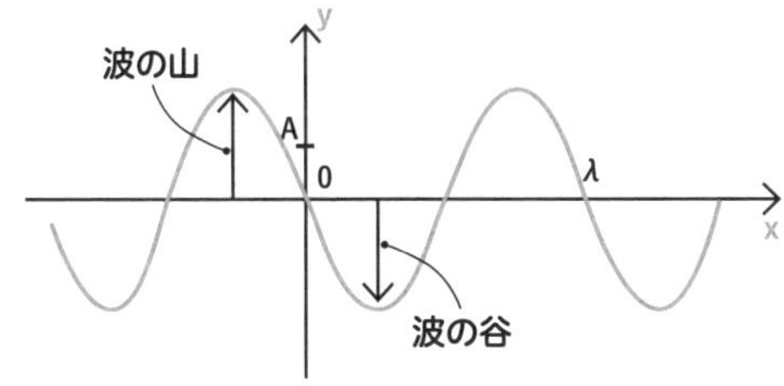

波の振れ幅のことを「波の山」や「波の谷」と呼び、その一連の動きを「波長」といいます

波動には力学的波動と電磁波の2種類がある

ここまで解説してきた波の原理は、おもに力学的波動と呼ばれます。力学的波動は水面の波や弦の振動などで表れるので、イメージしやすいと思います。また、ひもや音を構成する粒子の振動が波動の原因だと考えられています。

一方で、なかなかイメージしづらい波動が「電磁波」です。電磁波は、簡単にいうと光のことを指します。かつての科学者たちは当然のように光も何かしらの**力学的な媒質**があると考えました。この仮定の媒質のことを**エーテル**と呼びます。イギリスのフックによって提唱されましたが、のちにアインシュタインの相対性理論の登場で現在では否定されています。

波動は、媒質がどのように振動し、どのような性質をもつのかを理解することがポイント。その原理は、後述する原子物理学や量子力学などに大きな影響を及ぼしています。

- ▸波動は水面の波、ひもや音の振動、地震などを含む
- ▸波を伝える粒子のことを媒質と呼ぶ
- ▸電磁波(光)は、力学的な媒質を介さずに伝わる波動

FILE.
037

ヤングの干渉実験

提唱者 トーマス・ヤング
提唱された年 19世紀
関連する用語 光、屈折、エーテル

力学において多大な功績を残したニュートンは「光＝粒子説」を唱えており、17～18世紀においては広く受け入れられていました。そのニュートンと対立して「光＝波動説」を訴えたのが、イギリスのヤングでした。ヤングは光源の前に2つのスリットを置いて、スクリーンに光を当てるという実験を行いました。これがヤングの干渉実験と呼ばれるものです。もしニュートンがいうように、光が粒子であれば、光は直進してスクリーンに2つのスリットの像ができるはずでした。しかし、この実験ではスクリーンに縞模様が映し出され、光は回折と干渉をすることがわかり、「光＝波動説」が正しいことが証明されました。

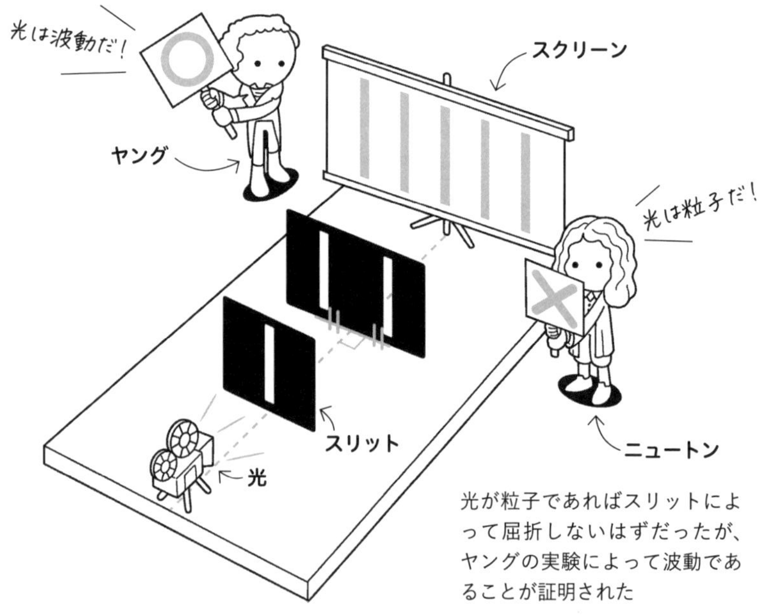

光が粒子であればスリットによって屈折しないはずだったが、ヤングの実験によって波動であることが証明された

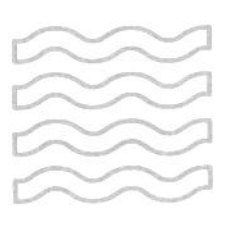

力学的波動

FILE. 038

提唱者	不明
提唱された年	不明
関連する用語	電磁波

ひもや音の振動や地震などを含む波動のことを指します。たとえば、棒のついた1本の長いひもを引っ張っていたとしましょう。ひもをもつ手を上下に振ると、当然ながらひもは波を打ちます。これが波動という現象そのもので、原子や分子が空間を伝わって波を起こしているため、力学的と表現されています。

ひもを引っぱって……

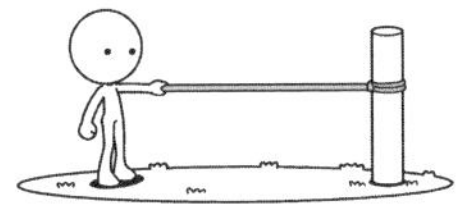

上下に振ると波を打つ

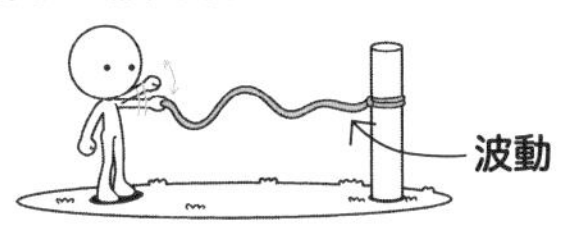

ひもに起きた波が、波動現象。このほか水面に起こる波紋なども波動現象のひとつ

電磁波

FILE. 039

提唱者	トーマス・ヤング、ヴィレブロルト・スネルなど
提唱された年	19世紀
関連する用語	電磁波、電場、磁場

電磁波というと、何か特別な波動現象のように思われますが、一般的には光だと解釈して問題ありません。第4章の電磁気学にも深くかかわりますが、電磁波は力学的波動のようにひもや音の粒子をもたないので、おもに「電場」と「磁場」という「空間がもっている性質」が振動する現象だと考えられています。

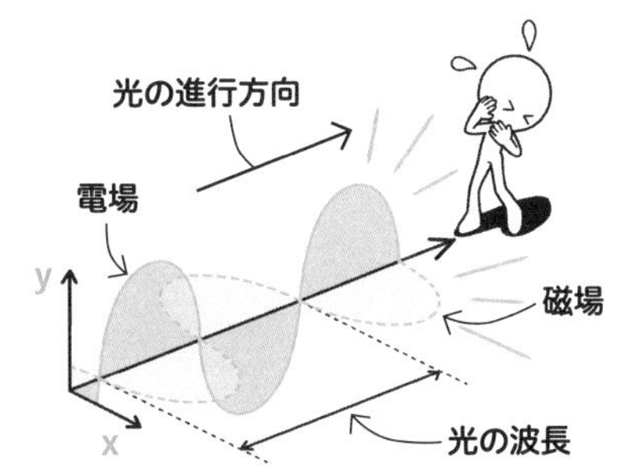

電磁波の代表例が光。電場と磁場の振動によって生じると考えられている

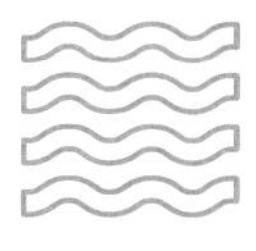

波（振動）

FILE.
040

提唱者	アイザック・ニュートン、ジェームズ・マクスウェルなど
提唱された年	17〜19世紀
関連する用語	単振動、力学的波動、電磁波

波動現象は、力学的波動と電磁波のほかにも**横波**と**縦波**という分類があります。横波は「媒質の進行方向が垂直になる関係の波」と説明されますが、簡単にいえば**波が伝わる方向が横向きだったとき、振動する方向が縦向きになる性質**のことを指します。ギターなどの弦楽器を想像してみてください。多くの楽器で弦は縦に弾きますが、音は横向きに伝わってきます。

［ 横波 ］

横波は弦楽器を想像すればわかりやすい。弦の振動は縦向きだが、波の伝わる方向は横向きになる

［ 縦波 ］

ばねを引っ張って離すと、振動と波の伝わる方向は同じになる

一方の縦波は振動する方向と、**伝わる方向が同じになる**ものです。これは、ばねを引っ張ったときに生じる波に代表されます。そのほか、少し想像しづらいかもしれませんが、空気中や水中の音波も例として挙げられます。

波の特徴は、単振動と非常によく似ています。現実の波は複雑な条件がありますが、まずは「単振動が等速で移動する」という条件で、その特徴を記したのが下表です。上から4つの特徴は単振動と同様ですが、少しちがうのが「波長」と「波の移動速度」です。どちらも文字の意味そのままを表しており、波長はそのまま波の長さを示しています。ただ、注意してほしいのは、波長は振幅が最大になった部分だけではなく、最小になったときまでを含むという点です。また、波の移動速度も波が見えるときの移動速度をそのまま表しています。波のほとんどは単振動で説明できるので、セットで覚えておきましょう。

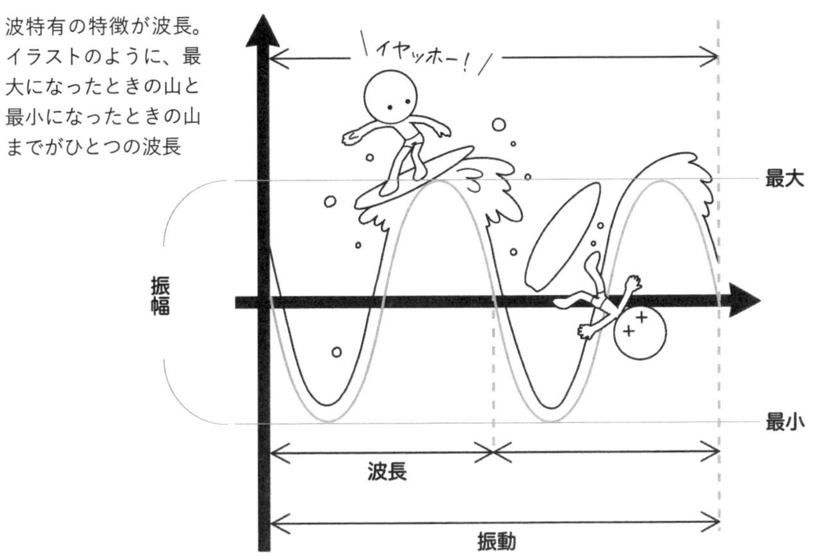

波特有の特徴が波長。イラストのように、最大になったときの山と最小になったときの山までがひとつの波長

波の特徴を示す物理量

振動	媒質のどのくらい変化するかを示したもの
角振動数	単位時間あたりの角度の変化
周期	媒質が1回振動するのにかかる時間
振動数	1秒で通過する波の個数
波長	波ひとつあたりの長さ
波の移動速度	波が動いて見えるときの速度

FILE.
041

反射波

提唱者 ＝ ユークリッドなど
提唱された年 ＝ 紀元前4〜19世紀
関連する用語 ＝ 自由端反射、固定端反射、定常波

多くの場合、波は媒質が異なるものの境界に触れると、反射する性質をもっています。こうして反射してできた波のことを**反射波**と呼びます。典型的な例が光の反射。たとえば、懐中電灯をつけて壁に向かって照らしたとしましょう。そのとき、壁には懐中電灯の光が当たっているのが見えるはずです。当たり前だと思われるかもしれませんが、これは、壁(媒質が異なるものの境界線)に当たった光が反射して、私たちの目に入っているのです。ちなみに、反射には大きく分けて、波がそのまま反射する**自由端反射**と、逆のかたちになって返ってくる**固定端反射**という２種類があります。

暗闇で
懐中電灯を
つけると……

壁に当たった
光が見える

波の反射の代表例が光で、異なる媒質の境界で反射することで確認できる

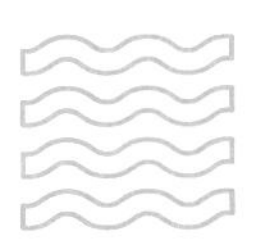

FILE. 042

合成波・定常波

提唱者	ユークリッドなど
提唱された年	紀元前4〜19世紀
関連する用語	反射波

波は、ぶつかると2つの波を足した分の新しい波がつくられるという性質があります。これを波の重ね合わせの原理と呼び、合体した波のことを合成波といいます。

完全に一致した波がぶつかり合う定常波は、光の反射や楽器などで存在している

では、波長などの特徴がまったく同じ波がぶつかり合ったらどうなるでしょうか。このときにつくられる波を定常波と呼びます。特殊な波であり、上下に振れて振動するだけで動いていない波をイメージするといいでしょう。完全に2つの波が一致することはなかなかありませんが、実は先に紹介した反射波との合成波が定常波にあたります。また、ギターの弦や管楽器の中の空気の振動も定常波として存在します。

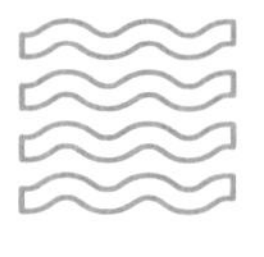

FILE.
043

共鳴(共振)

提唱者 レオナルド・ダ・ヴィンチ、ガリレオ・ガリレイなど
提唱された年 14〜17世紀
関連する用語 振動(波)、固有振動数、周波数

物体は、それぞれ固有の振動数をもっており、これを**固有振動数**といいます。楽器によって音色が異なるのは固有振動数が異なるからです。この固有振動数と同じ振動を外部から与え、振動が大きくなる現象が**共鳴(共振)**です。グラスハープという楽器をご存知でしょうか。ワイングラスなどの中に水を入れ、その縁を指でこすり振動を与えて音を奏でるというものです。この楽器は、グラスに与えた振動数と、グラスや水の振動数が共鳴を起こし、縁をなぞっている振動が音となって聞こえているのです。この原理を活用したものが**ラジオやテレビなどの周波数**です。

グラスハープは共鳴現象を活用して音を増幅させている。
水の量によって音階が変わるという

COLUMN

実は専門用語!? 音にまつわる言葉

音は空気の振動によって生じますが、具体的にどのように発生しているのか想像しづらいのではないでしょうか。また、音には音源、音波、周波数など、さまざまな特徴があり、聞いたことがあるけどよく知らないという現象もあります。その代表的なものを紹介しましょう。

音は空気中の圧力変化

空気は、窒素や酸素などの質量をもった気体分子で構成され、圧縮されると元に戻ろうとする弾性力をもっています。音は、この弾性力によって生じています。たとえば、膨張と圧縮をくり返すボールのような球体が空気中を進んでいるとしましょう。このとき、ボールが膨張すると周りの空気は圧縮されて、その圧力はプラスになります。逆に球が収縮すると周りの空気は膨張して圧力がマイナスになります。こうした圧力変化によって生まれるのが「音」なのです。また、圧力変化をもたらしたボールは「音源」と呼びます。

こうした圧力の変化分を「音圧」と呼びますが、その物理量を表すためには、あまりに範囲が広いために「デシベル(dB)」という表示方法が誕生しました。デシベルが大きければ、音は大きくなります。この音の伝わり方は波の性質があり、1秒間にくり返される圧縮と膨張の回数のことを「周波数」といいます。

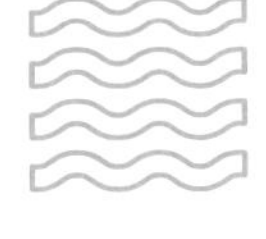

ドップラー効果

FILE. 044

提唱者 クリスチャン・ドップラー
提唱された年 19世紀
関連する用語 音速、振動数

音は発せられた場所と聞き取る側の距離によって、音程が変わります。この現象のことをドップラー効果と呼びます。この現象は特別なことではなく、皆さんも日常的に体験しています。その代表例が救急車のサイレンです。遠くから救急車が向かってくると「ピーポーピーポー↑」と高い音でサイレンが聞こえますが、通り過ぎると「ピーポーピーポー↓」と急に音程が下がったように聞こえます。これは、人の耳が「振動数が高いと高い音」「振動数が低いと低い音」に聞こえるという性質をもっているうえに、音の速さには限界があるという性質から生じる現象なのです。

音の速度は、音速と呼ばれ、空気中ではおよそ時速約1225キロ。そのため、遠くで鳴っているサイレンの音は、車より速く人の耳に到達します。一方、救急車も走りながらサイレンを鳴らしているので、音の発信源はだんだん人に近づいてくることになります。ここで下のイラストを見てましょう。「ピーポー」のうち、『ピ』という音が鳴ったのが地点Aで、『ポ』という音が鳴ったのが地点Bです。イラストからわかるように『ピ』よりも、『ポ』の音のほうが近くで鳴っているので、耳に届くまでの距離が短くなります。つまり、「ピーポー」を音の1周期だとすると、「救急車が鳴らしているピーポーの周期」よりも、「人が聞いているピーポーの周期」のほうが短くなります。周期が短くなると振動数が高くなり、結果として人の耳に届いたときに高く聞こえるのです。ドップラー効果は実にさまざまな分野で活用されており、野球でピッチャーが投げたボールの球速を測定するスピードガンも、この原理が利用されています。アメリカの天体物理学者エドウィン・ハッブルは、ドップラー効果を用いて、遠くの銀河であればあるほど地球から遠ざかる速度が速いことを発見しました。

救急車が通り過ぎると、振動数が低くなって、音も低くなる

FILE. 045

衝撃波

提唱者 エルンスト・マッハ
提唱された年 1887年
関連する用語 音速、マッハ

［ 水面を泳ぐアヒル ］

アヒルが水面に起こす三角状の波も衝撃波のようなもの

［ 大気中を進む超音速機 ］

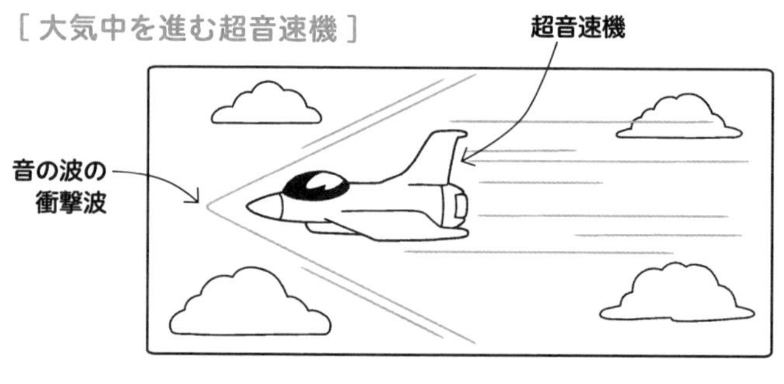

超音速戦闘機などは、空気中を時速約1225キロ以上で進むので、大気中で激しい衝撃波を引き起こす

オーストリアの物理学者マッハは、**物体が音速を超えたときに衝撃波が生じる**ことを発見しました。たとえば、水面に波紋があったとしましょう。この波紋の中心から指を入れて動かすと、三角状の波が立ちます。これと同じような現象が空気中で起こると衝撃波になります。大気中では、物体が音速を超える**時速約1225キロ**で進むと衝撃波が起こります。音速と衝撃波の関係をマッハが発見したことにちなんで、物体の時速が1225キロを超えた単位を「**マッハ**」と表すようになりました。身近な例が雷の音。電気は音速を超える速度で大気中を進むので、衝撃波が伝わって地上に届いているのです。

FILE.
046

ピタゴラス音律

提唱者 ピタゴラス
提唱された年 紀元前6世紀
関連する用語 周波数、平均律

「ドレミファソラシド」で知られる音階は、**媒質が1秒間に往復する回数(周波数)によって分けられています**。特に**和音**と呼ばれる音は、周波数の比率が「**1:2**」「**2:3**」「**3:4**」になるような音の組み合わせによってできています。これに気づいたのがピタゴラス。鍛冶屋のハンマーの音がきっかけで研究したそうです。

ピタゴラスは、複数の鍛冶屋が叩くハンマーの音が、調和しているものとそうでないものがあることに気づいた

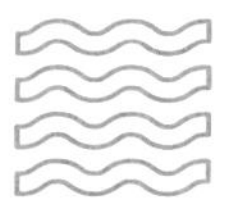

FILE.
047

1/f ゆらぎ

提唱者 武者利光など
提唱された年 1925年
関連する用語 振動(波)、周波数

人間にとって心地よい音として知られているのが、**1/f ゆらぎ**です。これは人の心拍の間隔、電車の揺れ、小川のせせらぐ音などと同じ振動。この振動が心地よく感じるのは、**生物の神経細胞が発射する生体信号の間隔**が1/f ゆらぎだからだとされています。また、一部の人の声も1/f ゆらぎをもつそうです。

ヒット歌手や声優など著名人のなかには1/f ゆらぎの声をもつ人がおり、人気が出る要因とする研究者もいる

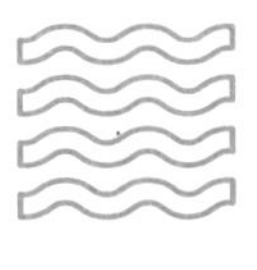

光速

FILE.
048

提唱者	アルベルト・アインシュタインなど
提唱された年	17〜20世紀
関連する用語	ヤングの干渉実験、電磁波、光年

ヤングの干渉実験でも触れたように、光は波の一種です。その速さは**秒速約30万キロ**だと定義され、よく「1秒間に地球を7周半する」といわれます。宇宙における最大速度で、物理学では**時間と空間の絶対的な基準**として非常に重要な位置付けをしています。なぜ絶対的な基準にされているかといえば、光は「**何もない空間では、常に一定の早さで進む**」とされているからです。この速度はどこで誰が観測しても変わりません。ということは、数兆キロ離れている天体などでも時間などを測る基準として利用できることになります。なお、光が1年かけて進む距離のことを「**光年**」といいます。

太陽が
光を発する

約8分後…

地球に到達

光速は秒速約30万キロ。太陽の光が地球に届くのは約8分後という計算になる

COLUMN

光の速さを測定した偉人たちの挑戦

現代では光の速さが決まっているという考えが一般的になっています。秒速29万9792.458キロという具体的な数値を知らなくても、だいたい「1秒間に地球を7周半する」ぐらいは聞いたことがあるでしょう。ただ、この速度が決められるには実にさまざまな研究がありました。

およそ300年をかけて定められた「光速」

かつての物理学者は、光の速度を無限大だと考えていました。そのため、光の速度を測定なんてできないとされていたのです。最初に光の速度を測定しようとしたのは、デンマークのオーレ・レーマーでした。1676年、彼は木星とその衛星イオを観測中に、イオが木星に隠れる周期が、予想よりもわずかに遅れていることに気づきました。そこで、遅れの原因は光が木星から地球まで届くのにある程度の時間がかかるからだと考えました。つまり、光にも速度があるとしたのです。ただ、このときは正確に測定することはできませんでした。

初めて測定に成功したのがフランスのアルマン・フィゾーです。1849年、彼は光を歯車を用いて測定。その結果は秒速31万3,000キロ。現代でいわれている速度とかなり近い値が測定されました。その後も光の測定は続けられ、1973年にアメリカのエベンソンがレーザー装置を用いた測定を行い、現在と同様の数値を得るに至りました。そして1983年には、国際度量衡委員会で、光速の値が定義されました。

第4章 宇宙をひもとくカギ！ 電磁気学

INTRODUCTION

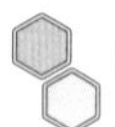

電磁気学は電荷の動きを力学的に考える分野

電磁気学は、光や電気、磁力といった目に見えない粒子の運動を力学的に捉える分野です。そのため、なかなかイメージしづらいかもしれませんが、「とある粒子」の運動として考えることでわかりやすくなります。この「とある粒子」のことを**電荷**といいます。この電荷がもつ電気量は、フランスの物理学者シャルル・ド・クーロンにちなんで［**C（クーロン）**］と表します。電荷と電気量の関係は、力学でいうところの物体と質量の関係と同じ。一方で、電荷には**プラスとマイナス（正負）の性質**がある点が一般的な力学と異なります。

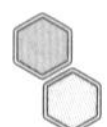

電気量の最小単位「電気素量」とは？

電荷の量を表す電気量には、電気素量という最小単位があります。電気素量は、アメリカのロバート・ミリカンによる「油滴実験」で測定されたデータをもとに生み出されました。これをもとにして、あらゆる粒子を分割していくと、それ以上分けることができない最小単位があるという**素粒子論**へとつながりました。電気素量は「1.6×10^{-19}」という式で表され、世の中の電気量はすべて電気素量の整数倍しか存在しないと考えられています。

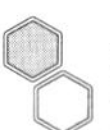

電磁気学で導入された「場」

電磁気学を理解するときに大切なポイントになるのが「場」という考え方です。波動の章でも述べたように、光や電気を構成する粒子は非常に小さく目に見えないため、どのような媒質を伝っていくのか科学者たちの頭を悩ませました。

そこで、「電荷はほかの電荷から直接力を受けた」という解釈ではなく、「そのまわりの空間によって力を受けた」と解釈することにしたのです。なお、電気による場のことを「電場」、磁気による場のことを「磁場」と呼びます。

モーターや発電機は電気と磁気の関係を利用

電気を導線のようなものに流したときに生じるのが電流です。電流が生じると、その周囲に磁場が生じます。かつての科学者たちは電荷による現象から磁場の現象を理解しようと試みました。その実験は「導線に電流を流すと、その周辺のコンパスの針がふれる」という小・中学生が行う実験と似たようなもの。このように電気を流したときのみ磁気を発生するものを電磁石と呼びます。電磁石はイギリスのウィリアム・スタージャンが発見し、この性質を活用して誕生したのがモーターや発電機。モーターは電流を流して動力を取り出す装置で、発電機は動力から電気を取り出す装置を指します。

POINT

- **電磁気学は、電荷という粒子の動きを力学で説明したもの**
- **電磁気学を理解するためには「場」という概念が必要**
- **電気と磁気は密接な関係をもつ**

FILE.
049

クーロンの法則

提唱者 シャルル・ド・クーロン
提唱された年 1785年
関連する用語 万有引力、電荷、斥力、引力

電磁気学において電荷を表す単位は「クーロン」と呼ばれます。その由来はフランスの物理学者クーロンにちなんでいます。電荷には**正負（プラスとマイナス）**があり、それぞれ**同じ電荷同士だと反発し合い（斥力）**、**逆の電荷では引き合う（引力）**ことが知られています。磁石のプラス・マイナスの関係だと理解しておいて問題ありません。この電荷同士による力を初めて数式で表したのがクーロンだったので、これをクーロンの法則と呼び、単位にも採用されているのです。このクーロンの法則で表される式は、**ニュートンが発見した万有引力の式と酷似**していることから、当時の研究者も驚いたそうです。

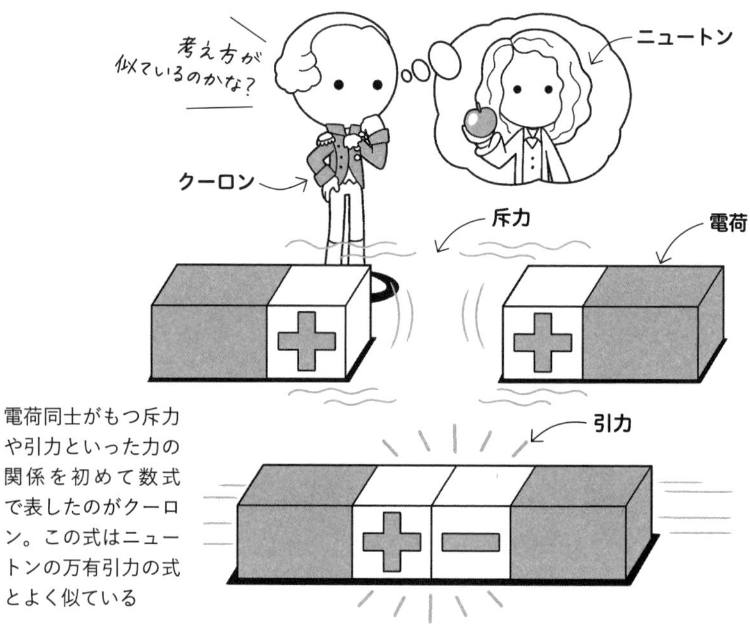

電荷同士がもつ斥力や引力といった力の関係を初めて数式で表したのがクーロン。この式はニュートンの万有引力の式とよく似ている

電場・電位

提唱者	シャルル・ド・クーロンなど
提唱された年	18〜19世紀
関連する用語	電荷、クーロンの法則、万有引力、位置エネルギー

[電場]

こいのぼりがどのぐらいの風が吹いているのかを表すように、電場は電荷にはたらく力を表す

[電位]

電位は電気学的な位置エネルギーを意味している

私たちはよく「空気が悪い」などといいますが、この考え方は電磁気学のなかでも用いられています。それが、電場です。クーロンの法則は電荷の力を数式化する偉大な発見でしたが、**電荷がもつ電気量と電荷同士の距離がわからない**と記述できないという問題を抱えていました。そこで後世の科学者たちは「電荷は、ほかの電荷に力を受けたのではなく、**まわりの空間から力を受けた**」という解釈をすることにしました。つまり、電場は「**電荷にはたらく力**」ということになります。また、万有引力と同様に、電荷にも位置エネルギーがあり、これを電位と呼んでいます。

FILE.
051

マクスウェル方程式

提唱者	ジェームズ・クラーク・マクスウェルなど
提唱された年	1864年
関連する用語	電荷、クーロンの法則

電磁気学には、電場のほかに磁場という場も存在しています。この電場と磁場をまとめて**電磁場**と呼びます。ここでいう場とは、電気や磁力の流れを表現する物理量です。たとえば、風の流れは扇風機やエアコンで生み出されたり、気圧の変化によっても生じます。このように電磁場にも何らかの原因があって流れが生じていると考えたのです。この場の流れを論理的にまとめたのがイギリスのマクスウェルでした。これが**マクスウェルの方程式**です。発表当初のものはわかりにくく、現在知られているマクスウェル方程式は、イギリスのオリヴァー・ヘビィサイトがまとめ直しました。

[場の流れのイメージ]

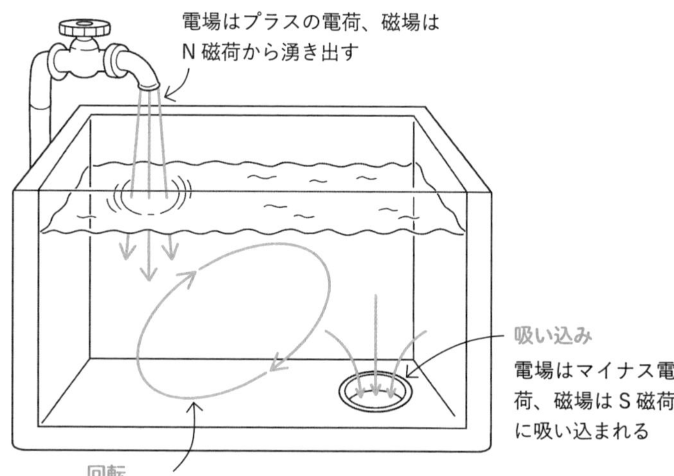

FILE. 052

ガウスの法則

提唱者	カール・フリードリヒ・ガウス、マイケル・ファラデー
提唱された年	1835年
関連する用語	電荷、クーロンの法則、電磁場

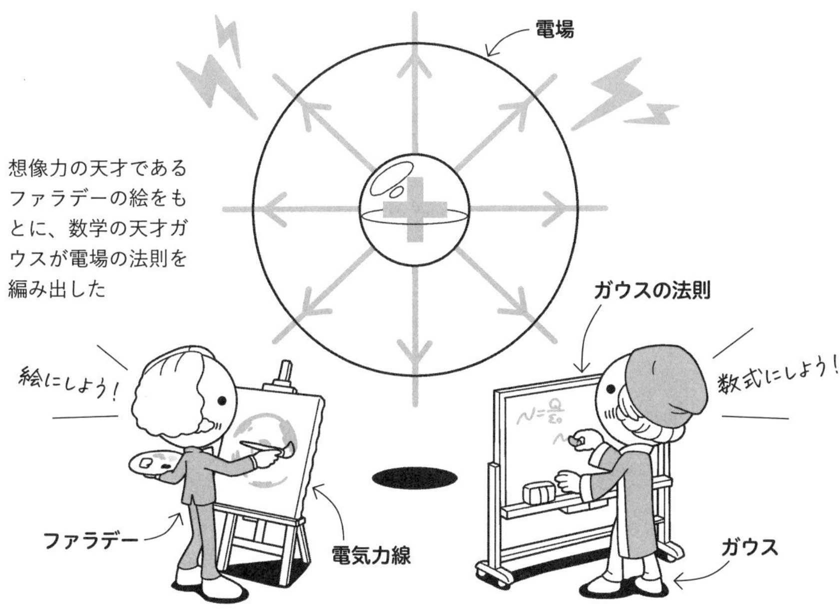

マクスウェル方程式では「電場は、正電荷から湧き出し、負電荷に吸い込まれる」とされています。この法則を導き出したのがドイツのガウスでした。ガウスが注目したのは、イギリスのファラデーが電場を絵で表現した**電気力線**。ファラデーは小学校しか出ていませんでしたが、想像力を武器に電気力線を開発しました。その絵を数式として解釈したのがガウスだったのです。ガウスは、単位面積あたり何本の電気力線が出ているかを計算し、「**全面積から出ている電気力線の総本数は電荷に比例する**」という法則を見つけました。やや難しいですが、この法則によって電場の計算を可能にしたというわけです。

自由電子

提唱者 ジョゼフ・ジョン・トムソン
提唱された年 1897年
関連する用語 電荷、電気素量、電流

私たちは日常的に「電子」という言葉を使っていますが、電磁気学や原子物理学にも欠かせない重要な物質です。電子は、**水素や窒素といった原子の周囲に軌道を描いて周回**しています。最初にその存在を提唱したのはアイルランドのジョージ・ジョンストン・ストーニーでした。彼は、1891年に「最小の電荷(電気素量)」として「**エレクトロン**」を提唱。その後、イギリスのトムソンがこの考えを証明すべく実験を行い、電子を発見するに至りました。トムソンはあくまで「微粒子」と呼びましたが、現在はストーニーの提唱した電子に落ち着いています。そのなかで、自由に動き回れる電子のことを**自由電子**と呼んでいます。

自由電子は、電気を発生させる原動力になります。電気を流す物質といえば金属です。金属は「**内部に自由電子を無数とも思えるほど所持している**」物質で、自由電子が動き回ることで電流(→ P79)となって、電気を発生させています。このはたらきは、真空管の中で一対の電極を入れると発生する「**陰極線**」の実験によって証明されました。身近なものでいえば、蛍光灯は陰極線の仕組みを用いた道具だといえます。蛍光灯を間近で見るのは難しいかもしれませんが、うっすらと線状に光が走っているのがわかると思います。この陰極線の実験によって、自由電子はマイナスの電荷を帯びていることが明らかになりました。

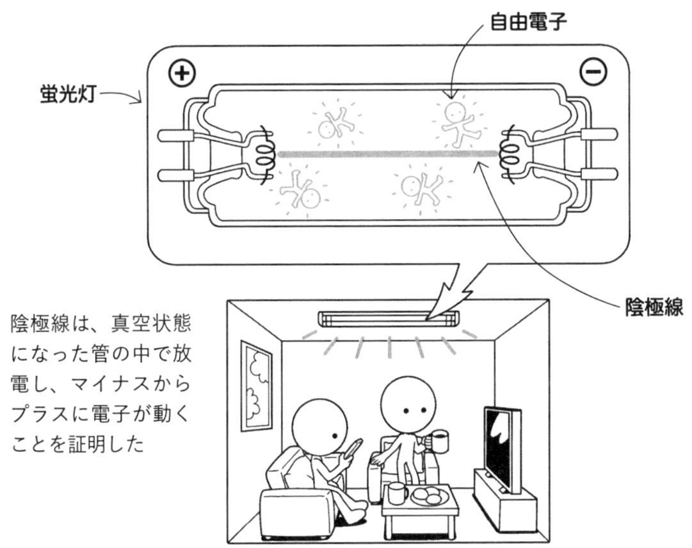

陰極線は、真空状態になった管の中で放電し、マイナスからプラスに電子が動くことを証明した

熱・電気を伝える物体のことを「導体」と呼びます。導体が電気を通しやすいのは自由電子を大量に所持しているからです。その一例として挙げられるのが人体です。冬場に静電気を発するのは人体が導体だからです。この仕組みを利用したのがスマホなどに用いられている**タッチパネル**。人の指先がタッチパネルの表面に近づくと、指先とセンサー電極の間がコンデンサのようにはたらき、静電気が発生します。この仕組みは、導体に電圧をかけると、原子から離れている自由電子がプラスに引き寄せられて起こる**静電誘導**という現象を活用しています。

FILE.
054

絶縁体・誘電体

提唱者	スティーブン・グレイ
提唱された年	1727年
関連する用語	電荷、導体

導体とは逆に電気を通しにくい物体のことを**絶縁体**、または**誘電体**といいます。その代表例はゴムやガラス。絶縁体は内部に**自由に動ける電荷をもっていないため、電気を通しにくい**という性質があります。絶縁体の内部には、電荷が逃げ出さないような部屋があり、電子は原子の中から出られず、原子内部で電荷の偏りが生じます。これを誘電分極といいます。絶縁体という名称のせいか、絶対に電気を通さないと思われがちですが、実際は高い電圧を与えると壊れてしまうこともあります。こうした破壊現象のことを**絶縁破壊**と呼びます。ゴムやガラスがあるからといって、感電しないというわけではないので要注意！

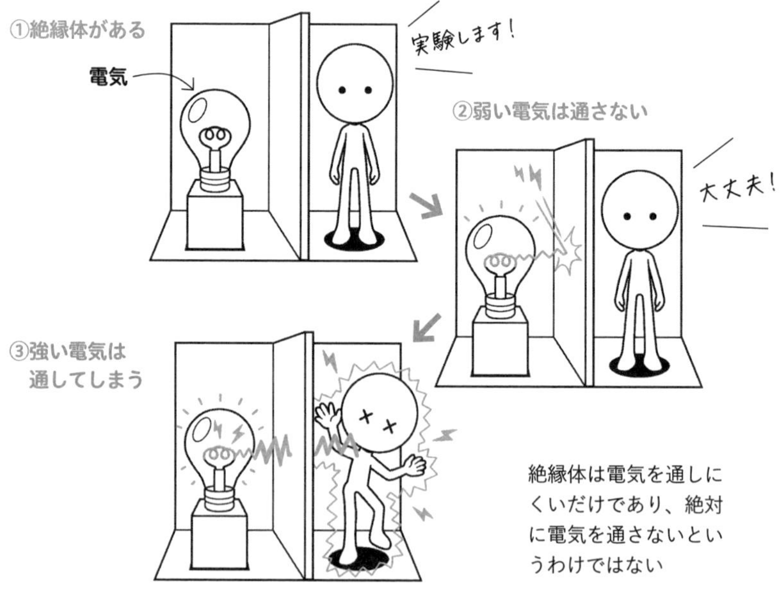

FILE.
055

電流

提唱者 アンドレ＝マリ・アンペール
提唱された年 1827年
関連する用語 電荷、導体、自由電子

電流は電子の流れのことで「**アンペア**」という単位で表されます。これは電気や電流、電圧といった言葉をつくったアンペールに由来しています。アンペールは電気を帯びた無数の微小な粒子が導線を流れていると考えましたが、当時はまだ電子の存在が明らかになっておらず、あまり支持されなかったそうです。また、当初は電流を「プラス電荷の動く向き」として定義していましたが、実際には**マイナス電荷の自由電子の動き**だったので、誤りだったといわざるを得ません。ただ、電場の向きという視点は、電磁気学を発展させる重要なポイントだったので、電流を発見したアンペールの功績が称えられているのです。

FILE.
056

オームの法則

提唱者	ゲオルク・ジーモン・オーム
提唱された年	1827年
関連する用語	電流、電圧、抵抗

電流や抵抗の関係を明らかにしたのがオームの法則。長くて細いものほど抵抗が大きくなるという性質がある

オームの法則は、電気抵抗を求める公式として中学理科でも登場するので覚えている人も多いでしょう。「**電圧＝電流×抵抗**」という非常に簡単な公式でした。抵抗とは読んで字のごとく、電流の通りにくさの度合いのことで、発見者の名前にちなんで[Ω(オーム)]という記号で表します。この法則は**物質の抵抗の大きさは長さに比例し、断面積に反比例する**ことを証明しました。つまり、電気を通す物質が長く細いほど抵抗が大きくなります。たとえば、ストローでジュースを飲むところを想像してみてください。太いストローであれば、ジュースは飲みやすくなります。逆に細くて長いストローだと、なかなかジュースが上がってきません。これが抵抗の性質です。

FILE. 057

ジュール熱

提唱者	ジェームズ・プレスコット・ジュール
提唱された年	1840年
関連する用語	電流、電圧、抵抗

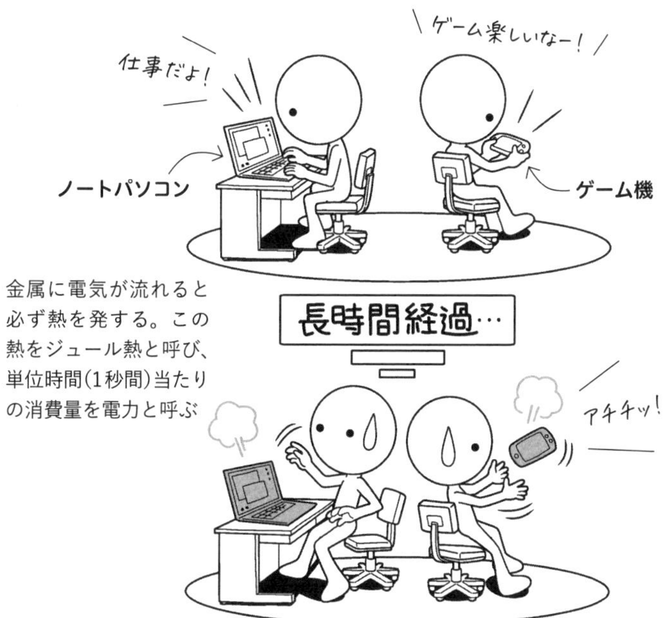

金属に電気が流れると必ず熱を発する。この熱をジュール熱と呼び、単位時間（1秒間）当たりの消費量を電力と呼ぶ

電力という言葉は一般的に広く知られていますが、これが**熱エネルギーの単位**から定義されていることを知る人はあまり多くはありません。たとえば、PCやスマホを長時間使用していると熱を発することがあります。これは電気が流れると、**自由電子がぶつかって必ず熱を発生させる**という性質によるものです。この熱のことを**ジュール熱**といい、「単位時間あたりのジュール熱」のことを電力と呼んでいるのです。ちなみに、ジュールという名称の由来は、イギリスの物理学者ジュールです。彼は1cal あたりの仕事量を解明し、今ではエネルギー、仕事、熱量、電力量もジュールという単位で表されています。

FILE.
058

キルヒホッフの法則

提唱者 グスタフ・キルヒホッフ
提唱された年 1849年
関連する用語 電流、電圧、抵抗

[3人の電流がスタート]

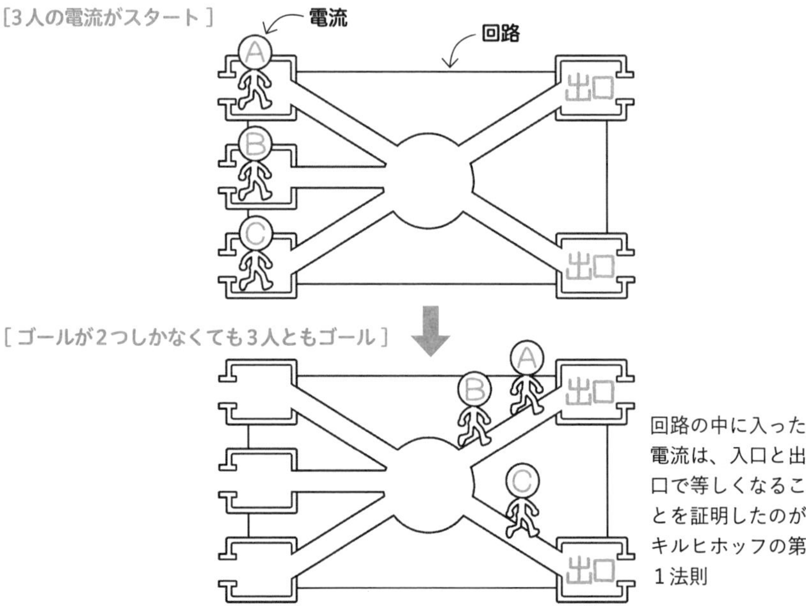

[ゴールが2つしかなくても3人ともゴール]

回路の中に入った電流は、入口と出口で等しくなることを証明したのがキルヒホッフの第1法則

電子機器の内部には、さまざまな回路があります。回路は部品を導線などでグルっと1周回れるようにつなげたものを指します。この回路を用いて、電荷の情報を導き出そうとしたのがドイツのキルヒホッフです。彼は回路における電流と電圧に関する法則を見つけました。電流に関する法則を「**キルヒホッフの第1法則(電流則)**」、電圧に関する法則を「**キルヒホッフの第2法則(電圧則)**」と呼びます。第1法則は「回路の接続点に入る電流と出る電流は同じで、それぞれの総和(合計)は等しい」というもの。たとえば上のイラストにあるように、入る経路が3本で、出る経路が2本でも、電流は等しくなるというわけです。

キルヒホッフの第2法則は電圧に関するもので、別名「回路方程式」とも呼ばれます。これは、「**電気回路を１周すると、電圧の総和はゼロになる**」という法則を示したものです。回路の中にある抵抗に電流が流れると、オームの法則によって電圧が生じます。この電圧は上昇したり下降したりしますが、最終的に電気回路を1周するとゼロになるのです。つまり、「**電圧は上がった分だけ下がる**」ということがわかります。

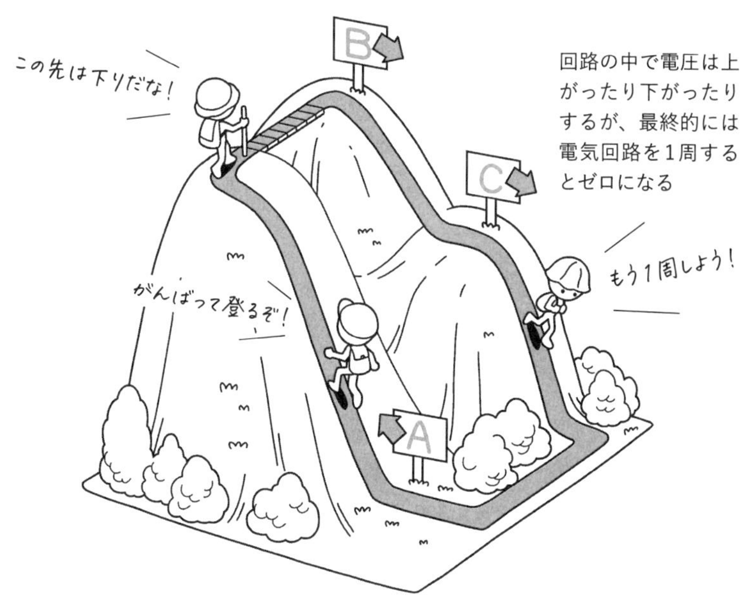

登山のハイキングルートにたとえてみましょう。上のイラストにある坂道が抵抗です。登るときの坂はひとつですが、下りるときは2つの坂(B、C)があります。ルートは異なるものの、その高さは変わっていません。登った分だけ下りているので、高さの総和は0になります。これと同じことが電圧でも起きるのです。この法則を活用して、電化製品やロボットなどの回路がつくられています。電気工学の基本中の基本と呼んでもいいでしょう。なお、キルヒホッフはその後もさまざまな研究に手を出し、セシウムやルビジウムという原子を発見。特に、セシウムは放射性同位元素として知られ、原発事故のときに社会問題化したことでも知られます。

FILE.
059

フレミングの法則

提唱者	ジョン・フレミング
提唱された年	19世紀
関連する用語	電荷、磁場、ローレンツ力、アンペール力

物理法則のなかでも、なじみ深いのが**フレミングの法則**です。中学校で習ったとき、左手で特徴的なかたちをつくり「電・磁・力」と口にしながら覚えたのではないでしょうか。もう忘れてしまったという人は、下のイラストを見てください。**中指が電荷の流れる向き、人差し指を磁場の向き、親指を力の向き**と覚えていました。この発見はかなり画期的なもので、それまで科学者の頭を悩ませていた磁場を理解するために、非常に有効でした。なお、中学理科では親指を力の向きとしか教わりませんでしたが、実際にはローレンツ力(→ P85)やアンペール力(→ P85)のことを表しています。

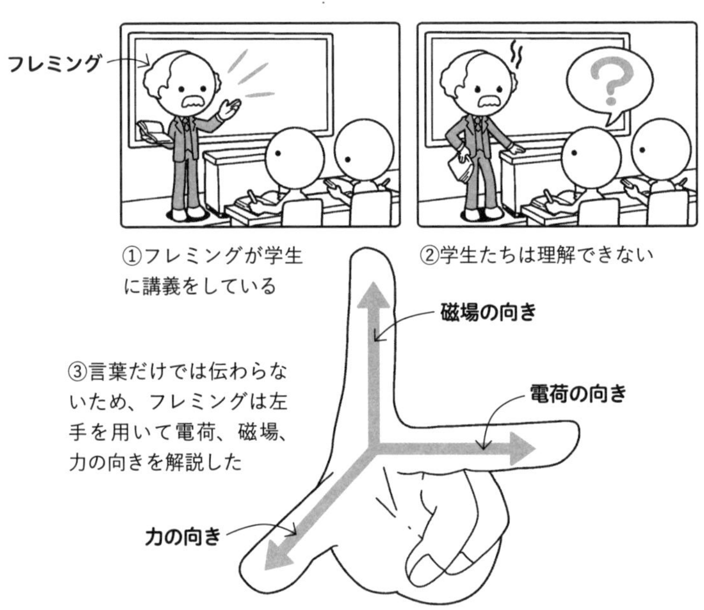

FILE. 060

ローレンツ力

提唱者	ヘンドリック・ローレンツ
提唱された年	19～20世紀
関連する用語	電荷、磁場、アンペール力

フレミングの法則で表現される力のひとつがローレンツ力です。電荷が速度をもって流れたときに生じる力を指し、磁場の影響を受けるのは「動く電荷」に限られることを発見しました。発見者のローレンツは、かのアインシュタインに「最も重要な人物」と評された偉人です。

「動く電荷」とは、磁界の中を移動する電荷を帯びた粒子のこと

FILE. 061

アンペール力

提唱者	アンドレ=マリ・アンペール
提唱された年	19～20世紀
関連する用語	電荷、磁場、ローレンツ力、電磁誘導

動いている電荷には磁場からの力がはたらくため、当然ながら電荷の集合体とも呼ぶべき電流にも力がはたらきます。この力のことをアンペール力と呼びます。アンペール力の向きもフレミングの法則における親指で表されます。この関係性は電磁誘導(→ P88)の理解に役立ちます。

フレミングの法則における親指(力)は、電流にはたらくアンペール力も表している

COLUMN

天才たちが争った凄惨な電流戦争

電流に直流と交流があることは皆さんもご存知かと思います。電化製品に流れるときには直流ですが、家庭用のコンセントには交流電源が用いられています。これは電力供給の際の変圧が大きく関係していますが、実は電力黎明期にし烈な戦争が起きていました。

エジソンはけっこう性格が悪い!?

19世紀後半になると、アメリカでは家庭向けの電力供給が始まりました。しかし、当時は定められた規格がなく、直流派と交流派が激しい論争を繰り広げたのです。直流派のリーダーは、発明王として知られるトーマス・エジソン。当時、エジソンは「エジソン・ゼネラル・エレクトリック・カンパニー」という会社を率いていました。一方、交流派を主導したのは、エジソンの会社に勤めていたニコラ・テスラとジョージ・ウェスティングハウスという人物です。かのイーロン・マスクが尊敬するあまり、自身の自動車会社の名前を「テスラ」にしたのは有名です。

さて、この直流対交流の論争は、まさに戦争と呼ぶにふさわしい泥仕合になりました。特にエジソンによる相手陣営へのネガティブキャンペーンは想像を絶するもので、交流電源が危険であることをアピールするために馬1頭を感電死させたのです。結果的に遠くまで送電できる交流派が勝利しますが、かなり後味の悪い論争だったといえるでしょう。映画『エジソンズ・ゲーム』にくわしいので、ぜひご覧になってください。

FILE.
062

右ねじの法則

提唱者	クリスティアン・エルステッド、アンドレ＝マリ・アンペール
提唱された年	19〜20世紀
関連する用語	電荷、電場、磁場、アンペール力

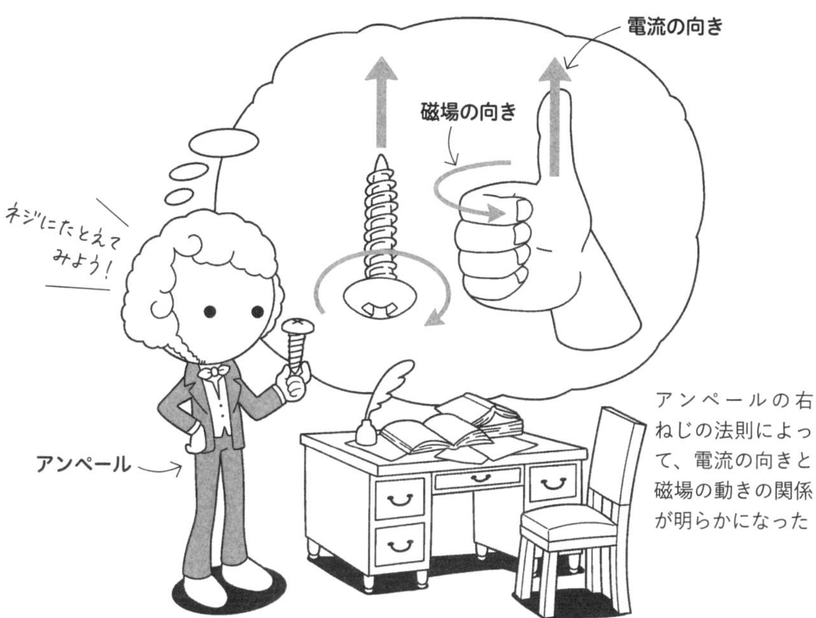

アンペールの右ねじの法則によって、電流の向きと磁場の動きの関係が明らかになった

磁場という現象は、今でも科学者たちが研究するほど奥深いものです。地球は「**地磁気**」というものをもっていると考えられ、巨大な磁場を形成しているとされています。こうした磁場のつくられ方を発見したのがデンマークのエルステッドでしたが、のちにその理論をフランスのアンペールがまとめました。これは「**電場と磁場は右ねじを回して進む方向とねじが回る方向と関係している**」という右ねじの法則です。イラストのように親指を立ててグッドサインをしたとき、親指が電流の向き、ほかの4本の指が磁場の向きを示しています。この法則を如実に表しているのが、**コイル**です。

FILE.
063

電磁誘導

提唱者	マイケル・ファラデー
提唱された年	1831年
関連する用語	マクスウェル方程式、磁場、電流

電流が流れると磁場が発生します。電気と磁場は密接な関係にありますが、導線をグルグル巻きにした**コイル**では、磁石などを近くで動かしただけで電流が流れます。これを電磁誘導と呼びます。また、このときに流れた電流のことを**誘導電流**、生じた電圧は**誘導電圧**といいます。この発見をしたのは先にも触れたファラデーです。ファラデーはエルステッドが発見した「導線に電流を流すと方位磁針の針がふれる」という結果をもとに、「**磁場を動かせば電流が流れる**」と考えました。のちにマクスウェルによって数式化され、マクスウェル方程式のひとつにされました。

FILE.
064

ビオ・サバールの法則

提唱者	ジャン=バティスト・ビオ、フェリックス・サバール
提唱された年	1820年
関連する用語	クーロンの法則、ガウスの法則、アンペールの法則

電流が流れたときに生じる磁場の大きさや向きを表すのが、**ビオ・サバールの法則**です。これは、電場におけるクーロンの法則にも対応していて、アンペールの法則と同様の意味合いがあります。ただ、アンペールの法則が「磁場の回転と電流の関係」を表しているのに対し、ビオ・サバールの法則は**ベクトルとしての磁場を直接数式化**したものです。この法則では、磁場の強さが導体からの距離に大きく影響を受けることがわかりました。アンペールの法則はビオ・サバールの法則をより発展させたものだといえます。少しマイナーなので、数式が複雑で、物理を専攻している学生にとっても難しいといわれます。

フランスのビオとサバールは実験ではなく、数学的な形式で磁場の強さを求めたため、当時はなかなか実証実験ができなかった

FILE.
065

イオン

提唱者 = マイケル・ファラデー
提唱された年 = 1833年
関連する用語 = 電荷、自由電子、陽イオン、陰イオン

ファラデーの偉大な発見のひとつがイオンです。これは電子を放出したり受け取ったりして**正負の電荷を帯びている原子(または原子団)**のことを指します。電子はマイナスの電荷を帯びているので、放出した原子はプラスになり、これを陽イオンと呼びます。一方、電子を受け取れば、逆にマイナスの電荷を帯びて陰イオンとなります。イオンは、水溶液などに電流を流して物質を分解する電気分解によって発見されました。厳密にいえば、電気分解は化学の領域になりますが、電子の動きという点では電磁気学の成立と密接に関係しています。なお、電気分解は塩素やアルミニウムなどの生産に用いられています。

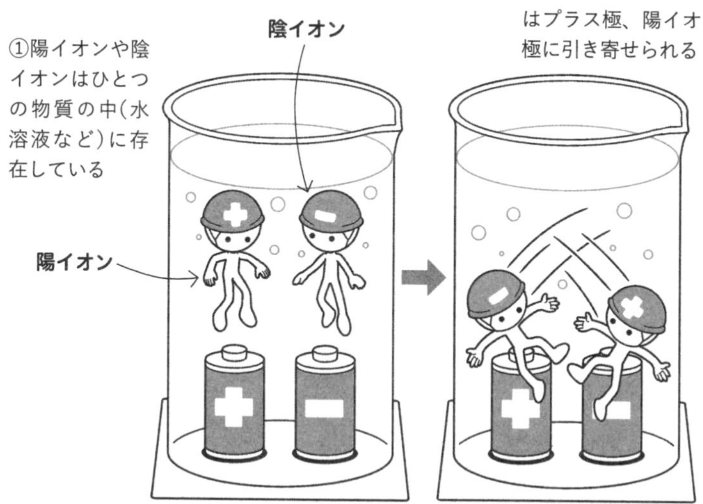

電気分解によって、さまざまな物質がつくられている。現在、新時代のエネルギーとして注目される水素エンジンの開発も電気分解の応用

COLUMN

発電方法のちがいによるメリット・デメリット

SDGsが叫ばれるようになり、「再生可能エネルギー」という言葉をよく耳にするようになりました。対して、原子力発電は福島の事故以来、非常に危険なイメージを抱かれています。なぜ日本ではすべて再生可能エネルギーにできないのか疑問に思う人も多いのではないでしょうか。その理由には発電方法による特徴の差があるのです。

再生可能エネルギーは万能ではない

2021年時点で、日本の電力のおよそ7割をまかなっているのが火力発電です。化石燃料を燃やして水を温めて蒸気にし、その蒸気の勢いによってタービンを回転させ、発電機を動かすという仕組みです。ただ、温室効果ガスが発生するため、地球環境への懸念が指摘されています。原子力発電の仕組みは火力発電と変わりませんが、燃料にウランの核分裂時の熱を活用し、温室効果ガスが出ません。この2つは天候に左右されないため、安定した電力供給が可能で「ベースロード電源」とも呼ばれます。

一方、再生可能エネルギーには水力、太陽光、風力などが含まれます。温室効果ガスが出ないというメリットがある一方、天候に左右されやすく、安定供給には不向きなので「ベースロード電源」には含まれません。そのため、現在は火力をメインにして、再生可能エネルギーを天候や時間帯に応じて切り替えるなどをして電力を運用しています。

第5章

この世のすべてをつくる！ 原子物理学

INTRODUCTION

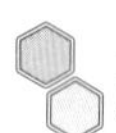

運動方程式が通用しないミクロな世界

第4章までに触れてきた力学は、すべてニュートンの運動方程式をもとにして、さまざまな現象を説明しようとしました。しかし、19世紀に入ると古典物理学だけでは説明できない現象が、**ミクロな世界**で起きていることがわかり始めました。これが現代の物理学の大きなテーマになっている「量子論」が誕生するキッカケでした。

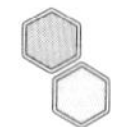

はるか昔から知られていた光の性質

古典物理学で解明できないものの典型例が「光」です。ニュートンは、すべての物体は運動で説明できると考えていたので、「光も粒子による現象」として捉えようとしました。

当時から光には「**直進**」「**反射**」「**屈折**」という3つの性質があることが知られていました。光の直進は暗闇で懐中電灯をつけたときに空気中をまっすぐ進んでいることからもわかります。その懐中電灯の光を壁に当てると、壁に光が映ります。これが反射です。一方、懐中電灯の光を水面に当てると、光は水中で折れ曲がります。これを屈折と呼び、物質によって屈折率が異なっています。これらの性質は光が粒子だとしても説明できるものでした。

粒子の運動では説明できない光の動き

しかし、1805年頃にイギリスのヤングが「**光の干渉実験**」を行ったところ、光が粒子だとしたら決して現れない波動に似た現象が観測されました。光を波動現象として考えたことで、直進や屈折以外にもさまざまな特徴があることがわかりました。たとえば、7色に見えるシャボン玉。そもそも光は、**スペクトル**と呼ばれる7つの波長をもつ光が合わさることで白く見えています。しかし、シャボン玉に浮かぶ油の膜の厚さは、光の波長程度しかないため、膜の上面と下面で反射した光が、ある波では強め合ったり、弱め合ったりする「干渉」を起こし、結果として色づいて見えているのです。

光や電子は粒子性と波動性をあわせもつ

このような研究によって、光は「**粒子性**」と「**波動性**」の二重性をあわせもつことがわかりました。そこで、アインシュタインは光子という物質を考え、光子仮説(→ P94)を立てました。光子とは、光をつくる物質だと考えてください。アインシュタインが光子仮説を提唱して以降、光の研究は進み、粒子と波動の性質をもつことが証明されていきました。その後、電子も光と同じような性質をもつことがわかり、粒子の動きを力学的に捉える原子物理学の礎となったのです。

POINT

- **粒子の動きはニュートン力学では説明できない**
- **光には粒子的な性質と波動的な性質がある**
- **電子も光と同じような二重性が当てはまる**

FILE.
066

光子仮説

提唱者 = アルベルト・アインシュタイン
提唱された年 = 1905年
関連する用語 = ヤングの干渉実験、光電効果、光電子

力学や電磁気学といった古典物理学では説明しきれなかった光。ニュートンは「光＝粒子」だと主張しましたが、ヤングの干渉実験によって、光は波動でもあるらしいということがわかりました。その後、ドイツのフィリップ・レーナルトやヘルツなどの科学者が光電効果という現象を発見。これは「金属に特定の光を照射すると、金属内から電子がポンッと飛び出る現象」を指しています。つまり、金属内に存在する電子が「光から何かしらのエネルギー」をもらって飛び出たと考えたのです。この効果を古典物理学の枠を飛び出して説明したのが、かの有名なアインシュタインでした。

［光電効果］

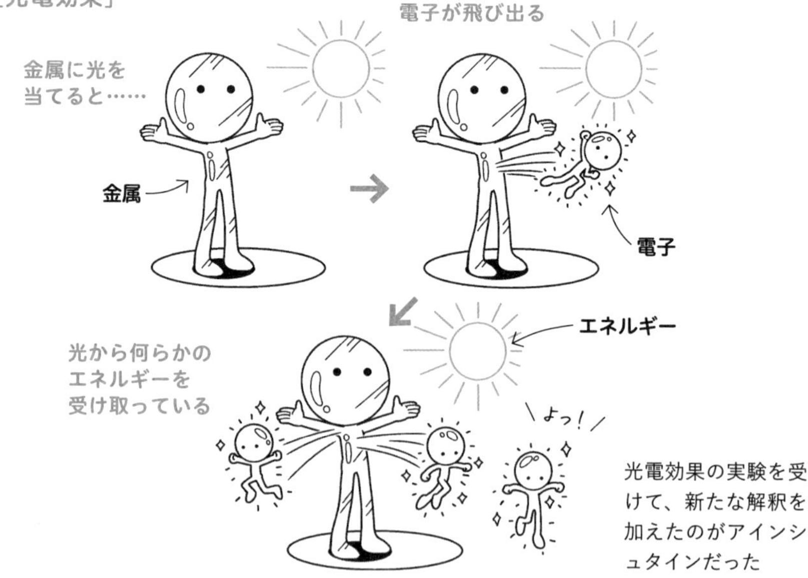

1905年、アインシュタインは光子仮説を提唱しました。これは「光は粒子のようにつぶつぶの状態で空間内に存在している」というもの。この理論によって、なぜ光を当てると光電効果が起こるのかという仕組みが解明されました。この説によって、「光は粒子でもあり、波動でもある」ということがわかり、現在の光の解釈につながっています。こうした性質を「光の二重性」ともいいます。なお、アインシュタインは同年に光子仮説のほか、ブラウン運動、特殊相対性理論に関する論文を発表したため、1905年は物理学にとっての「奇跡の年」とも呼ばれます。

**光の特徴①
粒子性**

光は空間内に粒子として存在している

**光の特徴②
光の運動エネルギー**

アインシュタインの光子仮説をもとに、光のエネルギーはかたまりになって金属内の電子に吸収されることがわかった

アインシュタインの光子仮説は、1916年にアメリカのミリカンが行った実験によって実証されました。この実験によって、「光電効果が起こるためには最小の振動数があり、それ以下の振動数の光では、どんなに強い光でも光電効果は起こらない」「光電子※のもつ最大の運動エネルギーは光の強さに無関係」「光電子のもつ最大の運動エネルギーは光の振動数に比例する」ということがわかりました。これによって、「**光はエネルギーのかたまりとなって金属内の電子に一瞬で吸収される**」と考えられるようになったのです。

※光電効果によって、光のエネルギーを吸収して放出された自由電子などを指す

ド・ブロイ波

提唱者	ルイ・ド・ブロイ
提唱された年	1924年
関連する用語	光子仮説、光電子

アインシュタインの光子仮説は、世界中の物理学者に大きな影響を与えました。フランスの**ド・ブロイ**もその一人。彼は「光子に二重性があるのなら、**電子にも二重性がある**はずだ」という仮説を立て、さまざまな実験を繰り返しました。つまり、光は粒子性も波動性もあるのに、電子には粒子性しかないのはおかしいと主張したのです。そこで、ド・ブロイは物質がもつ波動性を示す物理量のことを**物質波（ド・ブロイ波）**と呼び、その波長を数式化しました。のちにアメリカのクリントン・デイヴィソン、日本の菊池正士らの実験によって、その存在が証明されることとなり、量子力学の礎となりました。

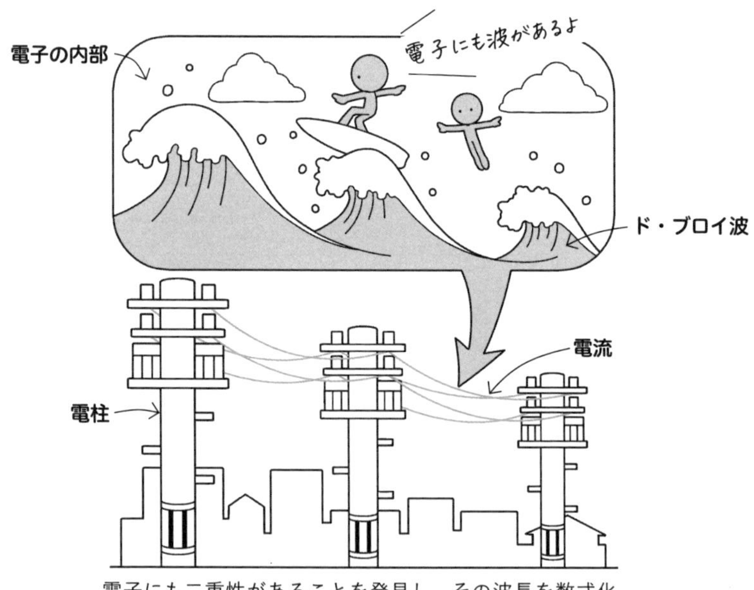

電子にも二重性があることを発見し、その波長を数式化。
発見者の名前にちなんでド・ブロイ波と呼ばれる

FILE. 068

原子モデル

提唱者	ジョゼフ・ジョン・トムソンなど
提唱された年	20世紀
関連する用語	光子仮説、ブラウン運動、原子

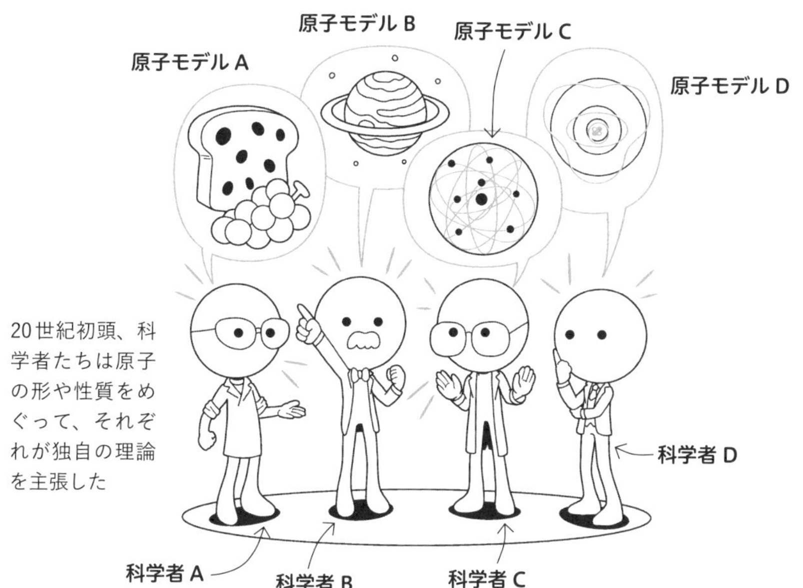

光子や電子など、さまざまな粒子について考えてきた物理学者たちでしたが、実はその存在をどうやって確かめるのかわかっていませんでした。その可能性を示したのがアインシュタインです。彼は、1827年にイギリスのロバート・ブラウンが花粉の中にある微粒子についての研究をさらに発展させて、原子と分子が実在する可能性を証明しました。ただ、当時は高性能の顕微鏡などあるはずもなく、その形状などについては想像するしかありません。そこで、さまざまな科学者たちが独自の見解をもとに模型を考えました。これを**原子モデル(模型)**といい、原子の形や性質をめぐる論争が勃発したのです。

FILE.
069

ぶどうパンモデル

提唱者	ジョゼフ・ジョン・トムソン
提唱された年	1904年
関連する用語	電磁気学、ブラウン運動、原子

最初に原子モデルを提唱したのが、イギリスのトムソンです。彼は「電子はマイナスでも原子は中性、つまり原子の内部にはプラスの電荷をもった部分がある」と考え、プラスの電荷をもったパン生地に、マイナスの電荷が入った「**ぶどうパンモデル**」を主張。しかし、のちに否定されました。

トムソンは、原子にはぶどうパンのように電子が存在していると主張したため、「ぶどうパンモデル」と呼ばれる

FILE.
070

土星モデル

提唱者	長岡半太郎
提唱された年	1904年
関連する用語	電磁気学、ブラウン運動、原子

明治時代の日本にも原子モデルを訴えた人がいました。それが長岡半太郎です。彼はドイツ留学を経て物理学を学び、帰国後に原子モデルの研究に没頭。マクスウェルの論文をもとに「プラスの電荷をもつ球があり、その周囲を衛星のような電子が運動している」という**土星に似た原子モデル**を主張しましたが、欧州では注目されませんでした。

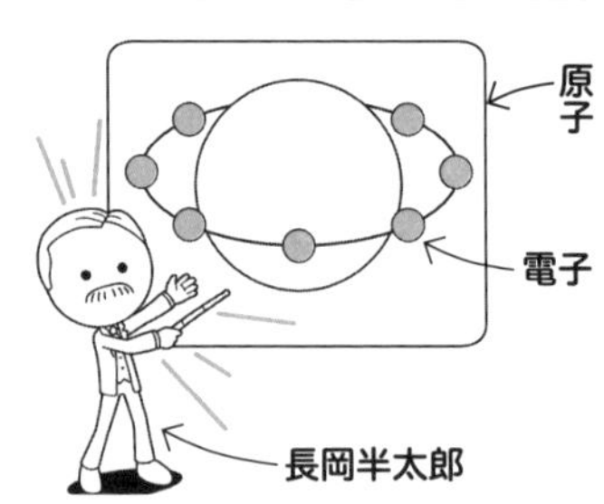

当初は注目されなかった土星モデルだが、後世になりラザフォードモデルと近しいことがわかった

FILE. 071

ラザフォードモデル

提唱者 アーネスト・ラザフォード
提唱された年 1911年
関連する用語 電磁気学、ブラウン運動、原子、原子核

ニュージーランド出身のラザフォードは放射線の研究をしていました。そこで原子にプラスの電荷をもった放射線を当てたところ、原子の中心部分に当たった放射線はイラストのような反射をしたのです。そのため、ラザフォードは原子の中心に、**プラスの電荷をもった芯があると主張**しました。

ラザフォードの実験によって、トムソンモデルが誤りであることが証明された

FILE. 072

水素原子モデル

提唱者 ニールス・ボーア
提唱された年 1913年
関連する用語 電磁気学、ブラウン運動、原子、原子核

ボーアはラザフォードの弟子で、原子モデルを研究しました。ただ、ラザフォードモデルには問題点があるとして、「電子はとびとびの軌道にしか存在しない（**定常波**）」「電子がその軌道上にいるときはエネルギーを放出しない」と仮定。ド・ブロイ波の考え方をもとにイラストのような原子モデルを提唱し、現在でも受け入れられています。

現在はボーアの提唱した原子モデルが広く受け入れられている。これにより、長岡モデルは完全な誤りではないこともわかった

FILE.
073

原子核

提唱者 アーネスト・ラザフォード
提唱された年 1911年
関連する用語 原子モデル、元素記号、原子番号

先述したようにラザフォードは、放射線の研究中に原子には中心にプラスの電荷をもつ原子核があることを発見しました。さらに、ボーアによって原子の構造が明らかになったことにより、物理学者たちの興味は原子核へと移ります。くわしくは後述しますが、**原子核は陽子と中性子によって構成**されており、それぞれ相互作用で結合しています。原子の種類は、中学理科で習う元素記号で表され、記号の左上には「陽子と中性子の合計数」、左下には「陽子の数」を記します。この陽子の数を原子番号と呼び、この数が同じで質量数が異なる原子を互いに**同位体（アイソトープ）**と呼びます。

[原子核発見の経緯]

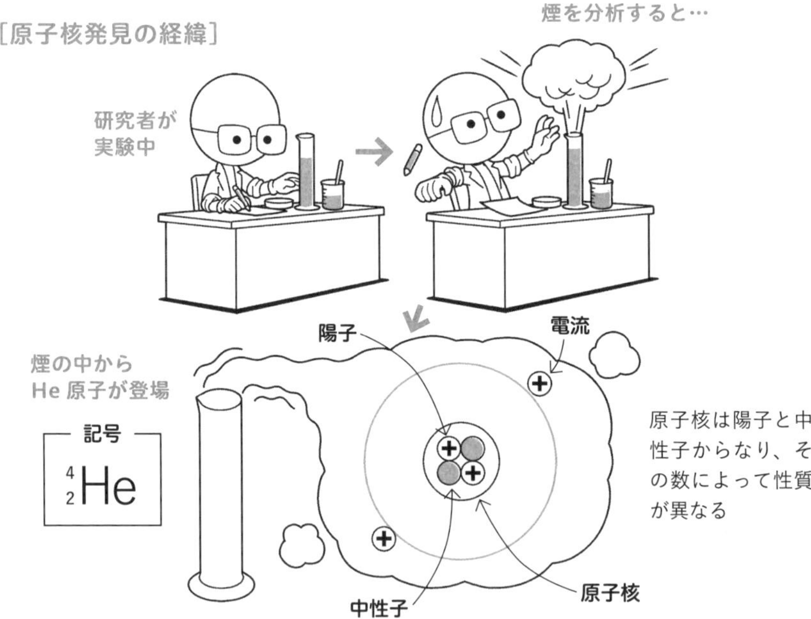

FILE. 074

陽子

提唱者 アーネスト・ラザフォード
提唱された年 1918年
関連する用語 原子核、中性子

原子核を構成する粒子で、プラスの電荷をもっています。ラザフォードが発見した当初は最も基本的な物質の構成要素であるとされ、ギリシャ語で「最初」を意味するプロトンと名づけられました。陽子には寿命があるとされ、10^{32}年以上が経つと崩壊すると考えられています。

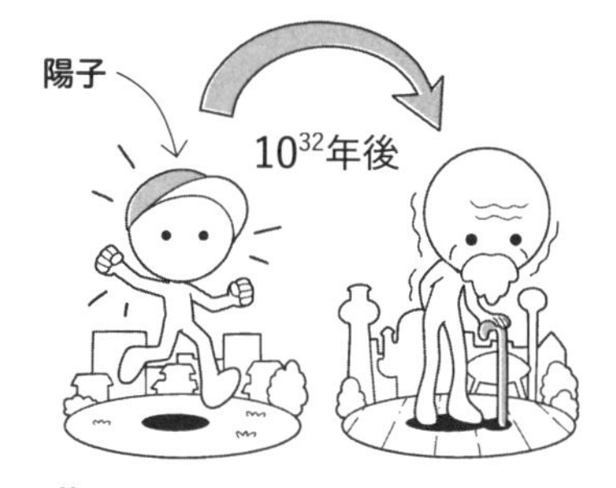

10^{32}年以上が経過すると崩壊すると考えられているが、まだ研究途上にある

FILE. 075

中性子

提唱者 ジェームズ・チャドウィック
提唱された年 1932年
関連する用語 原子核、中性子、クォーク、パイ中間子

中性子は、電気的に中性を保っています。陽子とほぼ同じ質量をもっており、陽子と中性子は原子核内部にあるときは非常に強い力によって結びついています。この力は陽子と中性子を構成するクォーク(→ P156)にはたらく力だと考えられ、湯川秀樹に指摘され、パイ中間子によって説明されています。

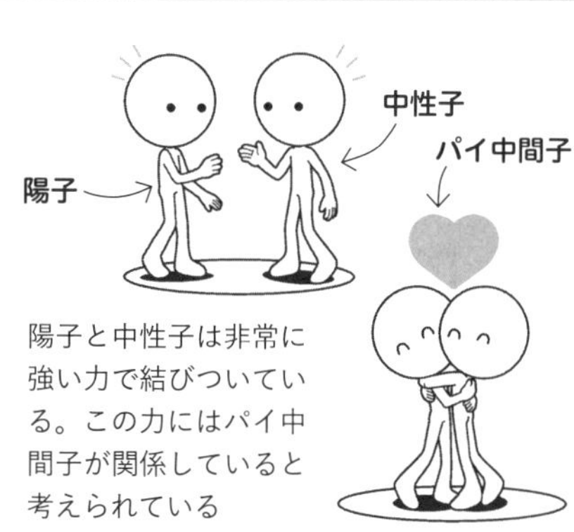

陽子と中性子は非常に強い力で結びついている。この力にはパイ中間子が関係していると考えられている

FILE.
076

特殊相対性理論

提唱者 アルベルト・アインシュタイン
提唱された年 1905年
関連する用語 質量とエネルギーの等価性、双子のパラドックス、一般相対性理論

アインシュタインは、**光速はどこで測っても変わらない**という説を唱え、これをもとに場所や運動によって時間が変わることを説明しました。これがいわゆる特殊相対性理論の礎となっています。ちなみに、特殊相対性理論は「重力の影響がない状態」を仮定して成り立っているため、「特殊な条件」という意味で、このように名づけられています。ニュートン力学では、時間は過去から未来まで同じように流れ、宇宙のどこでも同じだとしていましたが、特殊相対性理論はこれを覆すものでした。つまり、**時間や空間は絶対的なものではなく、質量や速度と同じような物理量**であると捉え直したのです。

［ニュートン］

地球

宇宙

ニュートン力学では、地球にいても宇宙にいても時間は誰でも平等に流れていると考えていた

［アインシュタイン］

地球

宇宙

アインシュタインの特殊相対性理論では、地球と宇宙では時間の流れ方も異なるとした

FILE.
077

質量とエネルギーの等価性

提唱者	アルベルト・アインシュタイン
提唱された年	1905年
関連する用語	質量保存の法則、特殊相対性理論、一般相対性理論

特殊相対性理論で導かれた「$E=mc^2$」という式は、おそらく物理学史上、最も有名な式だといえます。これは「質量とエネルギーは同じもの。質量からエネルギーがつくられ、エネルギーは質量になり得る」という関係を示しています。これが、**質量とエネルギーの等価性**です。これまで紹介してきた熱、電気、音、位置、運動などのエネルギーはそれぞれ質量に変形できるとされました。これは、それまで信じられていた**質量保存の法則**の常識を覆すものだったので、当初は無視されていました。しかし、のちに多くの科学者の支持を受けて、広く知られるようになり、今では原子物理学の基本となっています。

FILE.
078

双子のパラドックス

提唱者　アルベルト・アインシュタイン
提唱された年　1905年
関連する用語　特殊相対性理論、一般相対性理論

特殊相対性理論の象徴的な理論が「**動いているものは、お互いに時間の進みが遅くなるように見える**」ということです。ここで、双子の兄が光速に近い速度(亜光速)で動くロケットで宇宙に飛び立ったとしましょう。双子の弟はずっと地球にいると仮定します。兄は秒速20万キロの速さで動いていて、10年後に戻ってきます。特殊相対性理論では、兄が地球に戻ってきたとき、兄は10歳年を取っているのに対し、弟は12歳年を取っていると考えられます。しかし、兄から見れば、地球のほうが秒速20万キロで遠ざかっていったともいえます。これが、特殊相対性理論の矛盾、双子の**パラドックス**と呼ばれるものです。

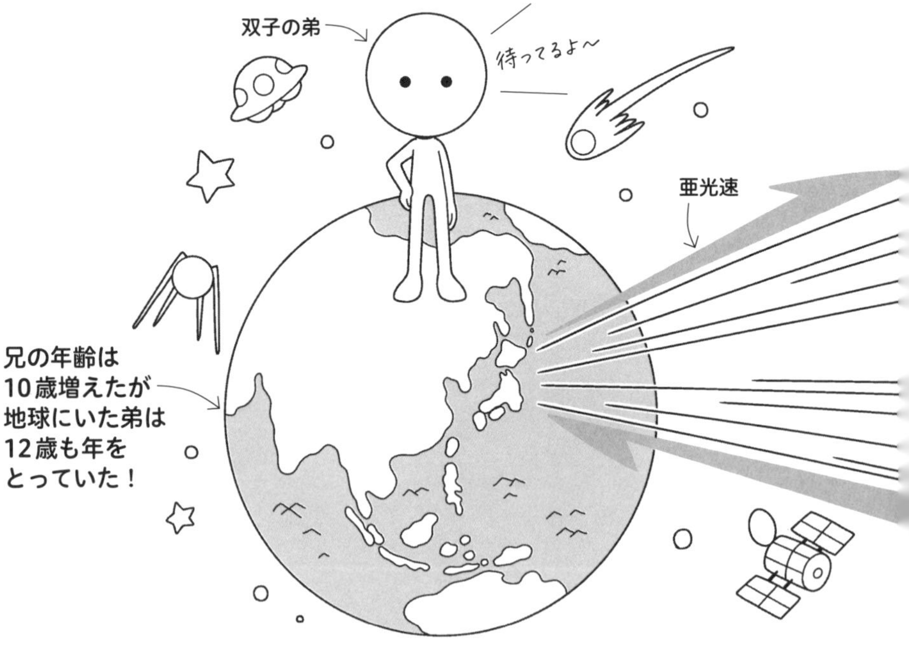

双子の弟
待ってるよ〜
亜光速
兄の年齢は
10歳増えたが
地球にいた弟は
12歳も年を
とっていた!

確かに矛盾しているように思われますが、そもそも特殊相対性理論は「観測者が等速直線運動をしている場合のみ」に適応されます。つまり「お互いが等速直線運動をしている場合」のみ、お互いに相手の時間が自分より遅く進むというわけです。ここで慣性の法則(→ P17)を思い出してみましょう。ロケット内では必ず加速度運動という見かけの力(慣性力)がはたらきます。地球にとどまっている弟には、この見かけの力がはたらきません。あくまで加速しているのはロケット内にいる兄だけなので、**時間が遅れるのは兄だけ**なのです。では、実際にどのように遅れるかといえば、ロケットが折り返しのときに加速するので、ほんのわずかな時間しか経っていないのに、兄から見た地球の時計は一気に進むことになります。Uターンする前までは4年しか経っていなかったのに、折り返しを終えた段階で、**兄の時計は5年ですが、地球の時計は8年経ってしまう**ことになるのです。この双子のパラドックスをめぐっては、のちにアインシュタインが発表する**一般相対性理論**で説明されることになります。

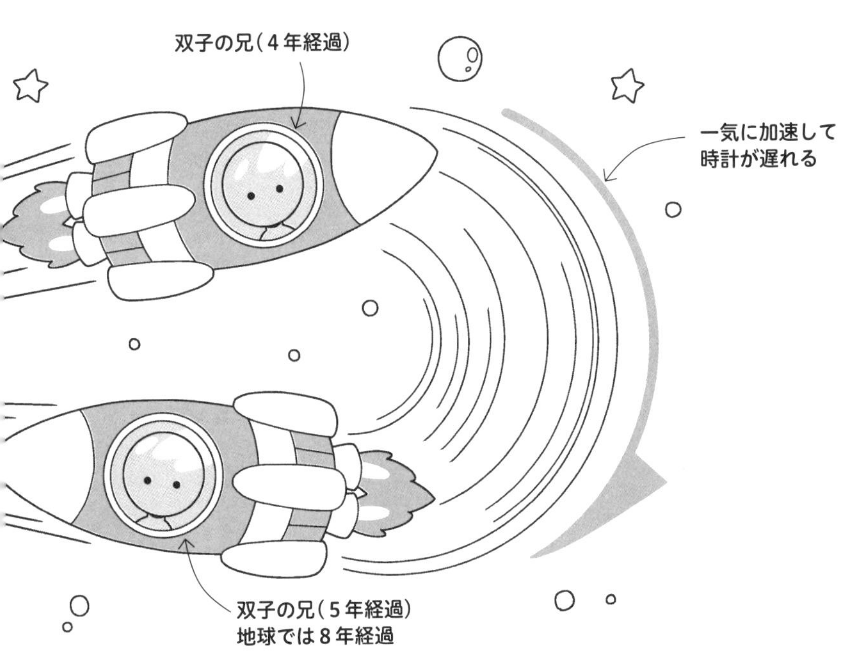

FILE.
079

一般相対性理論

提唱者＝アルベルト・アインシュタイン
提唱された年＝1915～16年
関連する用語＝特殊相対性理論、質量とエネルギーの等価性

重力の影響がない状態を考えたものが特殊相対性理論でしたが、逆に重力の影響を付け加えて発展させたものが一般相対性理論です。この理論の大きなポイントは、たとえ物体の速度が光速に近づかなくても、重力によって時間の進み方が変化するというもの。そこから導き出されたのが「**重力と加速度は同じもの（等価原理）**」「**重力場にいても加速場にいても自然法則は同じように成り立つ（一般相対性原理）**」という概念です。なお、重力場や加速場というのは、それぞれ重力がはたらいている空間、加速している力がはたらいている空間と捉えておいて問題ありません。

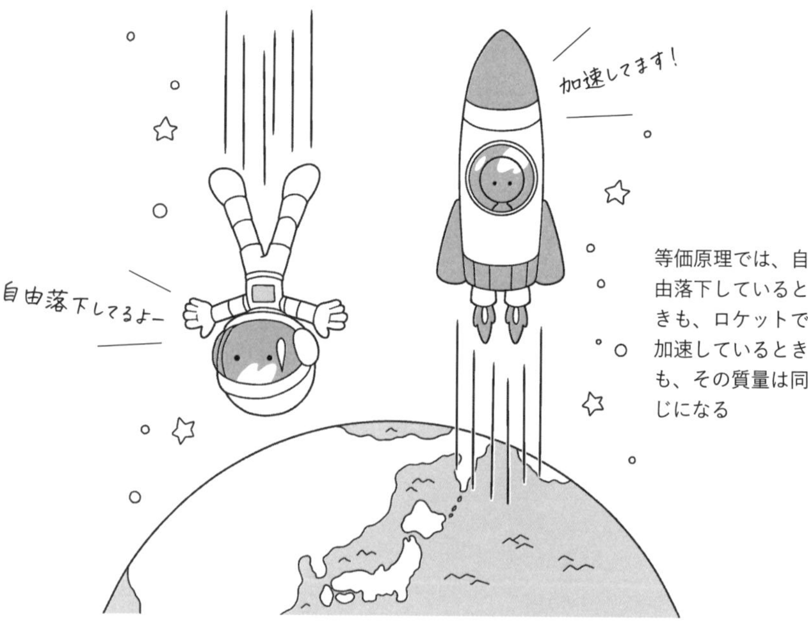

等価原理では、自由落下しているときも、ロケットで加速しているときも、その質量は同じになる

この一般相対性理論をもとにしてアインシュタインが最終的に導き出した式が「**アインシュタイン方程式**」です。非常に難解な数式ですが、その意味は「**時間や空間と、物質・エネルギーの関係をひとつの方程式で表したもの**」として理解しておきましょう。

アインシュタイン方程式は重力にかんする事柄を説明する万能の方程式。宇宙物理学の発展に大きく影響した

アインシュタイン方程式は重力にかかわるすべての事柄を説明しています。たとえば、アインシュタイン方程式で重力の強さを小さくしていくと、**万有引力の法則**と同じ意味が出てきます。つまり、ニュートンが発見した万有引力の法則は、重力による影響が小さいシチュエーションで起こるものだったのです。逆に重力を強くしていくと、**ブラックホール**(→ P127)を示す答えが出せます。さらに宇宙の法則である**宇宙の膨張**(→ P129)などもアインシュタイン方程式で説明できるのです。このように、アインシュタインは2つの相対性理論によって、宇宙を考えるためのヒントを生み出したのです。

FILE. 080

核分裂

提唱者 オットー・ハーン、リーゼ・マイトナーなど
提唱された年 1938年
関連する用語 原子核、陽子、中性子、核融合

原子核(→ P100)には、**結合エネルギー**が存在しています。この結合エネルギーを分裂させるため、原子核に中性子をぶつけてエネルギーを得ることを核分裂といいます。核分裂を起こしやすいのがウラン235。これは核分裂を起こしにくい天然ウラン(ウラン238)に含まれています。おもに原子力発電や核爆弾などに活用されています。

原子核を分裂させることを核分裂と呼び、原子力発電などにも応用されている

FILE. 081

核融合

提唱者 ハンス・ベーテ
提唱された年 1939年
関連する用語 原子核、陽子、中性子、核分裂

質量数が小さい原子をぶつけて、より質量の大きな原子にすることを核融合といいます。これは星のエネルギー発生について研究したベーテが、太陽を含む星が核融合をエネルギー源にしていることを発表したことで、広く知られるようになりました。核分裂よりもエネルギーが大きいとされています。

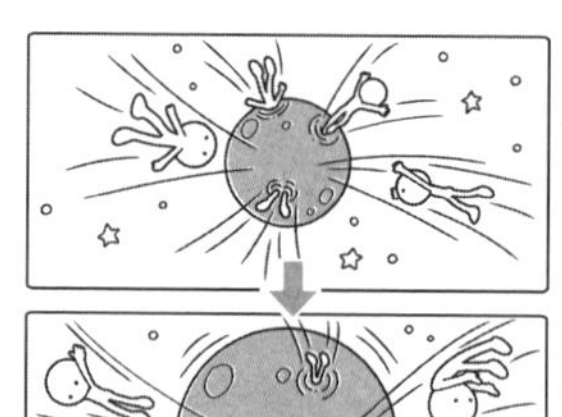

日本でも研究が進められる核融合。エネルギーが大きく、現代の技術では制御が困難

FILE.
082

放射線

提唱者	アンリ・ベクレル
提唱された年	1896年
関連する用語	放射性崩壊、X線、半減期

［放射性崩壊］

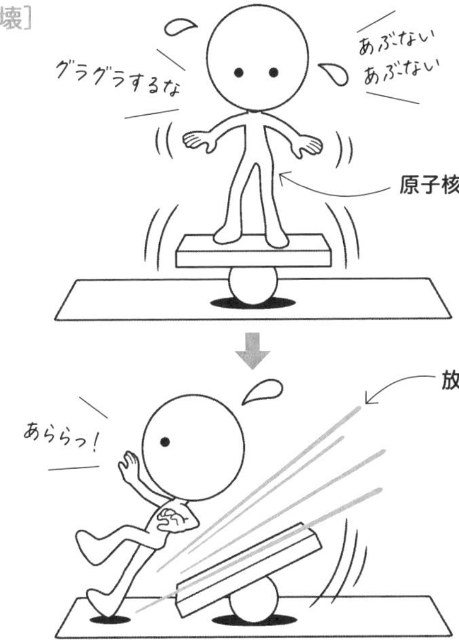

不安定な物質から余分なエネルギーなどが放出されたときに発生するのが放射線。単位は発見者にちなんでベクレルなどがある

核分裂などによって、**原子核から放出されるものが放射線**です。自然界に存在するウランやラジウムといった原子核は、そもそも不安定で、余分なエネルギーを粒子や電磁波の形で放出して別の原子核になったりします。この現象を**放射性崩壊**と呼びます。フランスのベクレルがウラン塩の光を研究中に、たまたまウランが放出している放射線に気づいたのがキッカケでした。放射線は「**高エネルギーの粒子や電磁波（α線、β線など）**」を指し、放射性物質は「自然に放射線を発生する不安定な物質」、放射能は「放射線を出す性質や能力のこと」と区別されるので覚えておきましょう。

FILE.
083

X線

提唱者 ヴィルヘルム・レントゲン
提唱された年 1895年
関連する用語 放射線、半減期

発見者の名前からピンと来るかもしれませんが、X線は病院などのレントゲンで使用される**放射線の一種**です。X線という名前は、レントゲンが発見した当初、「正体不明の光線」という意味合いでつけられました。レントゲンはX線を用いて手の写真を撮ってみると、骨などの仕組みがよく見えたことから医学で活用することを思いついたそうです。この技術は第一次世界大戦で大きな功績を残して普及しました。また、伝記などで有名な**キュリー夫人**も放射線の研究に努めた人物です。キュリー夫人は、ポロニウムとラジウムという放射性物質を発見し、2度のノーベル賞を受賞しています。

今でこそ広く普及したレントゲン検査。第一次世界大戦で用いられ、一般にも広がったという経緯がある。なお、実際には写真乾板という材料を用いて、骨の写真を撮影した

FILE.
084

半減期

提唱者 アーネスト・ラザフォードなど
提唱された年 20世紀
関連する用語 放射線

ラザフォードは自身の弟子と、放射性物質の放射能が、**もとの半分になる時間**を測定しました。これを「半減期」と名づけ、今に至っています。半減期は**物質によってさまざま**で、有名な放射性物質のヨウ素131、セシウム134、セシウム137の半減期は、それぞれ約8日、2年、30年となっています。

放射線を発生させる能力が半分になる時間のことを半減期という。放射性物質によって期間は大きく異なる

FILE.
085

放射性同位元素

提唱者 アンリ・ベクレルなど
提唱された年 20世紀
関連する用語 放射線、半減期、トリチウム

原子核の陽子数が同じで、中性子数が異なる元素のことを同位体といいます。そのうち放射能をもつものを**放射性同位元素**と呼びます。たとえば、水素の原子核は通常陽子1個、中性子0個ですが、陽子1個、中性子2個の水素のことを放射性同位元素の**トリチウム**と呼びます。

水素の中性子が2個になるとトリチウムになる

FILE. 086

核爆弾

提唱者	ロバート・オッペンハイマーなど
提唱された年	1943年
関連する用語	原子核、核分裂

核爆弾（原子爆弾）は政治的な意味合いで語られることが多いですが、その仕組みには核分裂が応用されています。原子核に中性子をぶつけて核分裂を起こすことは先述の通りですが、この中性子が別の原子核にぶつかると、また**核分裂**が起こります。これを繰り返してエネルギーを生み出し続けることを**連鎖反応**といいます。さらに、連鎖反応が一定につづく量のことを**臨界**と呼びます。物質が臨界量になると、核分裂が短い間で起こり、一瞬のうちに爆発的なエネルギーを生じ、放射線を発生させます。この仕組みを応用したのが核爆弾で、臨界に達する物質によって放射線の種類も異なります。

［連鎖反応］

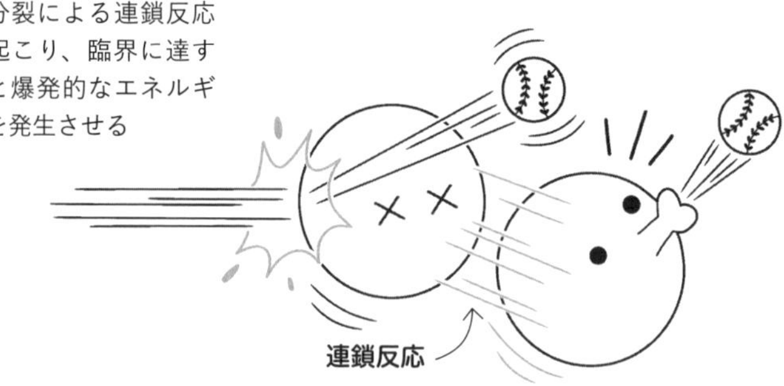

核分裂による連鎖反応が起こり、臨界に達すると爆発的なエネルギーを発生させる

日本に落とされた核爆弾を開発したのは、アメリカのオッペンハイマーという物理学者ですが、その製造方法は1940年代の先進国なら多くが知り得ていました。しかし、核分裂をコントロールして爆弾にまでするためには複雑な計算が必要であり、ドイツをはじめとした各国では製作できずにいました。そこで核爆弾開発に貢献したのが**コンピュータ**です。当時、プルトニウムは非常に貴重だったため、IBMが開発したコンピュータによって理論計算をしてから製造に入ったのです。アメリカの核爆弾開発は**マンハッタン計画**(→ P114)と呼ばれています。核爆弾そのものは忌むべき兵器ではありますが、現代に至るまでの大きなイノベーションを起こす契機となったのも事実です。その後、1955年にアメリカが原子力の平和利用に踏み切り、**原子力発電**が誕生しました。

広島と長崎に落ちた原爆のちがい

日本は歴史上で唯一核爆弾を落とされた国です。その驚異的な破壊力によって、広島と長崎は壊滅的な打撃を受けました。広島に落とされた爆弾はウラン型。見た目が細いのでリトルボーイと呼ばれました。TNT爆薬に換算して約16キロトン分の破壊力をもちました。一方、長崎で落とされた爆弾はプルトニウム型。ずんぐり太った感じなのでファットマンと名づけられ、約21キロトン分の爆薬の威力がありました。

COLUMN

映画でも話題になったマンハッタン計画

アメリカのクリストファー・ノーラン監督による2023年公開映画『オッペンハイマー』は、多方面から大きな反響がありました。オッペンハイマーは「原爆の父」とも呼ばれる実在の人物。彼はマンハッタン計画を主導し、原子爆弾の開発に大きな役割を果たしたとされています。

ドイツの軍事科学力に抱いた危機意識

マンハッタン計画の始まりには、ドイツの脅威がありました。そもそも原子力発電や原子爆弾の原理である核分裂は1938年、ナチス体制下のドイツでオットー・ハーンらによって発見されました。これを受けて、アメリカでも核分裂の研究が進められ、ヨーロッパから亡命してきた研究者たちを数多く採用。こうした研究者たちが危惧したのが、ドイツによる原子爆弾の製造です。

仮にドイツが先に完成させたのなら、世界中がナチスのファシズムによって支配されてしまうと考えたのです。これにアメリカ国内の研究者も呼応。国防への科学研究の貢献の重要性を強く認識しはじめていました。

そこで1940年に国防研究委員会を組織。さらに1年後には、科学研究開発局を設置し、原爆研究への政府の支援と関与を強化しました。

こうして1942年に「マンハッタン計画」として本格的な国家軍事プロジェクトが始まったのです。

1940年代に急速に発展した核分裂研究

時を同じくして、アメリカ国内では核分裂にまつわる研究が大きく進展していました。イギリスからもたらされたMAUD委員会報告によって、天然ウラン中に0.7%しか含まれないウラン235の濃縮法がわかり、カリフォルニア大学でウラン中に生成するプルトニウムの分離に成功。研究者たちは、アメリカ中に散らばっていましたが、より知識を集積することを目的にマンハッタンに集められました。そして陸軍の協力を得て、「マンハッタン工兵管区」が組織されたのです。当時、最高機密の軍事プロジェクトとして厳しい情報統制が行われました。

オッペンハイマーの葛藤

これらの原子爆弾研究において、非常に大きな役割を担ったのがオッペンハイマーでした。当時カリフォルニア大学で研究を進めていたオッペンハイマーは、マンハッタン計画が本格化すると、原料生産の拠点として設立されたロスアラモス研究所の所長に就任。有力な研究者が集められ、そのなかには、のちにノーベル物理学賞を受賞するリチャード・P・ファインマンも含まれていました。ロスアラモス研究所は、1945年夏には1300人の科学者及び技術者を含む約6700人に及ぶ巨大研究組織になっていたとされています。当時、オッペンハイマーは優れた指導力を発揮し、極めてモラルの高い研究者社会を形成したと語られています。

1945年7月16日、プルトニウムを原料とする最初の原爆が完成し、ロスアラモスから南に約300キロ離れた砂漠地帯で人類初の核実験が行われました。日本に原爆が落とされる約1ヵ月前の出来事でした。ただし、オッペンハイマー自身は、原爆投下後に「科学者は罪を知った」との言葉を残しています。そこには科学の進歩と人類の犠牲という葛藤があったのかもしれません。

FILE.
087

TNT換算

提唱者	ヨーゼフ・ヴィルブラントなど
提唱された年	20世紀
関連する用語	核分裂、核爆弾

TNTはトリニトロトルエンの頭文字を取った略称で爆薬などに使用される物質。その爆発におけるエネルギーの質量をTNT当量と呼び、これを用いて爆発力の大きさを測ることをTNT換算と呼びます。1TNT換算グラムは1000カロリーで、ここでいうカロリーはジュールにすると4.184と定義されます。TNT火薬1キログラムで木造住宅1戸を全壊させる威力だとされ、広島市に落とされた核爆弾はTNT換算で約16キロトン、長崎に落とされたものは約21キロトンだと考えられています。ちなみに、旧ソ連が開発したとされる世界最大の水素爆弾ツァーリ・ボンバは、50メガトンもあるとされ、広島の核爆弾の約3000倍にも及びます。

[1キログラム]
木造住宅
1戸を破壊

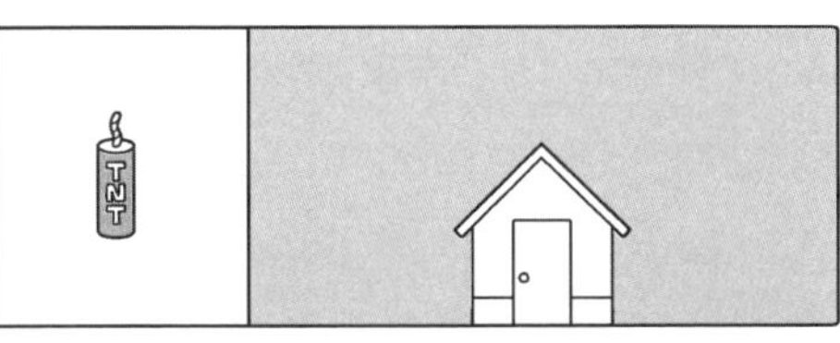

[15キロトン]
市街地を破壊

[50メガトン]
地球規模の
破壊力

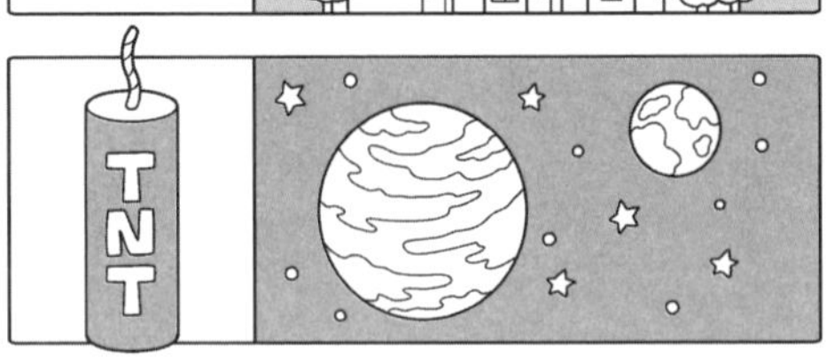

爆発力を、TNT（トリニトロトルエン）で換算することをTNT換算と呼ぶ。有史以来最大の爆弾ツァーリ・ボンバの衝撃波は地球を3周半したとされる

COLUMN

古代の人々が考えた物質をつくる四元素説

現代では物質は固体、液体、気体の3つでできているとされています。しかし、古代の人は土、水、空気(風)、火の4つでできていると信じていました。これを一般的に四元素説といいます。この考え方は世界中で広く受け入れられ、のちに錬金術や東洋的道徳観に結びつきました。

現代科学に通じる部分もある

四元素説でいう4つの元素のうち、「土」と「水」は目に見えるものとして捉えられ、「空気」と「火」は「土」と「水」の内部に含まれていると考えられていました。そして、4つの元素の間にはプラトンの輪と呼ばれる循環関係があるとされていました。「火」は凝結して「空気」になり、「空気」は液化して「水」になり、「水」は固化して「土」になり、「土」は昇華して「火」になるとされていたのです。固体が溶けて液体になり、液体が蒸発して気体になるという現代科学ともよく似ています。

この考え方を提唱したのは、紀元前5世紀ごろに活躍した哲学者のエンペドクレスです。彼は、この4つの元素を「万物の根」と呼び、どれだけ分割しても、それ以上分けることのできない究極的な元素として位置づけました。あらゆる自然的なものは、4つの元素の混合と分離によって成り立っていると主張しましたが、その混合と結合の原動力を「愛」と「憎しみ」の2つの力によるものだと考えました。愛の力で支配されているときは完全な混合となり、憎しみが支配すると4つの元素は完全に分離する。ちょっとロマンチックな哲学ですね。

第6章 星はどうやって生まれた？ 宇宙物理学

INTRODUCTION

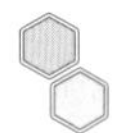

1400年以上も信じられてきた天動説

宇宙物理学は、宇宙の謎を解明する分野です。ニュートンが運動方程式を生み出す以前から、多くの学者たちが、星の動きについてさまざまな説を提唱してきました。代表的なのが古代ギリシアを代表する天文学者のプトレマイオス。彼は、地球を中心として周囲の星が回転する天動説を提唱しました。プトレマイオスの天動説では、惑星の複雑な動きを説明するため「**導円**」と「**周転円**」という円軌道を用い、この回転比を調整すると、天体の動きをかなり正確に説明できました。

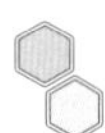

コペルニクスによって唱えられた地動説

宇宙の中心に太陽があり、その周囲を地球や水星、木星といった惑星が円軌道を描く**地動説**を唱えたのがコペルニクスです。当時地動説は、キリスト教会による弾圧を招くことになるため、発表には慎重だったようです。その後、地動説は一部の知識人に引き継がれ、ケプラーやニュートンによって惑星の動きが地動説に近いことが証明されたことで、徐々に受け入れられていきました。

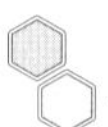

原子物理学と密接に関連する宇宙の観測

宇宙に関する研究は、ミクロな世界を扱う原子物理学と密接に結びついています。たとえば、天体がどのような物質でできているかを知らなければ、太陽がなぜ光っているのかを証明することができません。これを調べられるようになったのは、1815年にドイツのヨゼフ・フォーン・フラウンホーファーが光が抜け落ちて黒く見える「**暗線**」を発見したことがきっかけでした。のちに太陽の大気(ナトリウム)によって光が吸収されることから暗線が生じることがわかり、太陽の中に30の元素が含まれていることが発見されたのです。こうした生まれた手法を「**分光**」と呼び、その後恒星をつくる物質や状態、光り輝く仕組みを考える宇宙物理学の基礎となりました。

アインシュタインも間違えた宇宙の膨張

アインシュタインは、一般相対性理論のなかで宇宙の膨張の可能性を指摘していたものの、宇宙項という関数を用いて「宇宙は静止している」と考えていました。しかし、それは間違いだったことがのちに判明します。1929年、アメリカのエドウィン・ハッブルが「宇宙が膨張している」ことを観測したからです。

この発見によって宇宙の成り立ちに関して、さまざまな理論が提唱されるに至りました。

POINT

- ▶地動説は力学的なアプローチから一般的に浸透した
- ▶太陽から届く光の分析によって天体の研究が進んだ
- ▶宇宙の膨張が観測されて以降、さまざまな研究が行われた

FILE.
088

惑星

提唱者	プトレマイオス、コペルニクスなど
提唱された年	紀元前〜現在
関連する用語	太陽系、重力、準惑星

私たちが住む地球は、太陽を中心に回る太陽系の惑星のひとつとして考えられています。国際天文学連合によれば、惑星の定義は「①太陽の周囲を回る」「②質量が大きく、自己重力が固体としての力よりも勝る結果、重力平衡形状(ほぼ球状)を保つ」「③その軌道近くから他の天体を排除している」とされています。これに当てはまるのは水星・金星・地球・火星・木星・土星・天王星・海王星の8つ。かつて冥王星も惑星のひとつとして数えられていましたが。2006年に冥王星は準惑星というカテゴリに分類されました。その理由は、冥王星表面の光の反射率が高く、予想外に小さいというものでした。

惑星は全部で8つ。かつて惑星と考えられた冥王星は観測が進むにつれて小さいことがわかり、現在は準惑星に分類されている

FILE.
089

恒星

提唱者	プトレマイオス、コペルニクスなど
提唱された年	紀元前〜現在
関連する用語	分子雲、原始星、重力

恒星とは自らのエネルギーで輝く星のことで、その誕生はかなり物理的。ガスが高密度に集まり、水素分子を主成分にした**分子雲**と呼ばれるものが、圧縮と断片化をくり返して中心部に集まります。さらに圧縮が進むと中心に**原始星**と呼ばれるものができます。これによって膨大な重力エネルギーが発生し、星の周りのガスの一部はジェットとなって噴き出し、やがて原始星の中心部で**核融合反応**が始まり、恒星となります。核融合反応後のほうが質量が軽くなり、その減少した質量分がエネルギーになります。これは特殊相対性理論の質量とエネルギーの等価性(→ P103)で証明されています。

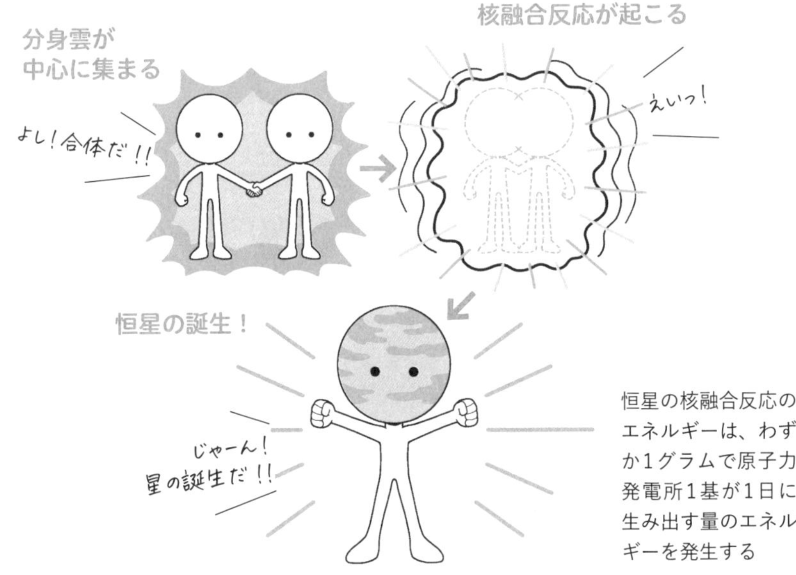

恒星の核融合反応のエネルギーは、わずか1グラムで原子力発電所1基が1日に生み出す量のエネルギーを発生する

FILE.
090

赤色巨星

提唱者　プトレマイオス、コペルニクスなど
提唱された年　紀元前〜現在
関連する用語　核融合、恒星

恒星は中心部で核融合反応を続けて、長期間輝き続けることができます。しかし、原料となる**水素**を燃焼しつくしてしまうと、中心の**ヘリウム**の芯が収縮していくのに対し、星の外側はどんどん膨張していきます。このように、収縮する力と膨張する力のバランスが崩れ始めて、どんどん膨張を始めた恒星のことを**赤色巨星**と呼びます。どんどん膨張しているので表面積が非常に大きく、かなり明るく見えるのが特徴です。たとえば、**オリオン座のベテルギウス**。冬の星座の中でもかなり明るく光っていますが、その原因は膨張して周囲よりも高い熱を発しているから。実は爆発する直前ではないかといわれています。

キラキラ輝く星だけど……

実は爆発寸前 !?

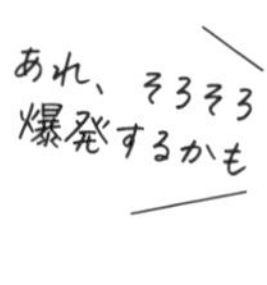

とても明るい星は、実は膨張を初めて爆発を起こす直前だったりする

FILE. 091

褐色矮星（わいせい）

提唱者　プトレマイオス、コペルニクスなど
提唱された年　紀元前～現在
関連する用語　恒星、赤色巨星、核融合

赤色巨星を今にも寿命を迎えそうなおじいちゃん星だとすれば、褐色矮星はまだまだ小さな**子ども星**です。中心部の温度が核融合反応が起こるほど高くならないことが原因。ただ、**重力によって収縮するときに熱を解放して輝く**ので、高度な望遠鏡などを利用すると地球からでも観測できます。

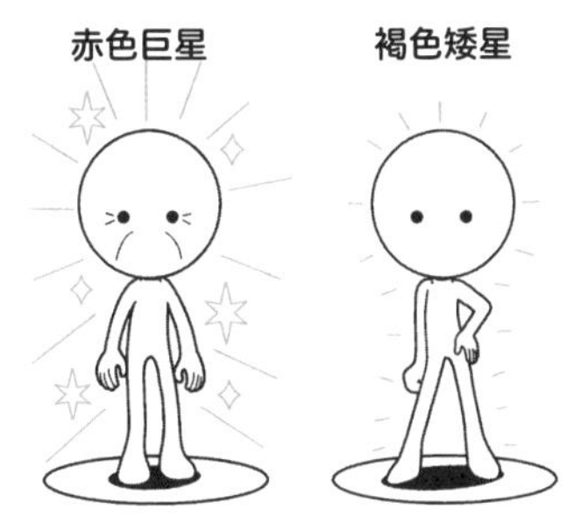

褐色矮星は、光の弱い星。中心部のエネルギーを使い切ると暗黒になってしまう

FILE. 092

中性子星

提唱者　プトレマイオス、コペルニクスなど
提唱された年　紀元前～現在
関連する用語　中性子、恒星、超新星爆発

星が寿命をまっとうするときに起こす爆発を**超新星爆発**(→ P124)と呼びます。この爆発のあとに中心に残る星が**中性子星**です。星全体が中性子でできており、高速で自転しながら**太陽の約10億倍もの磁力が発生**。それによって、中性子星の両端からは電波のビームが発射されます。

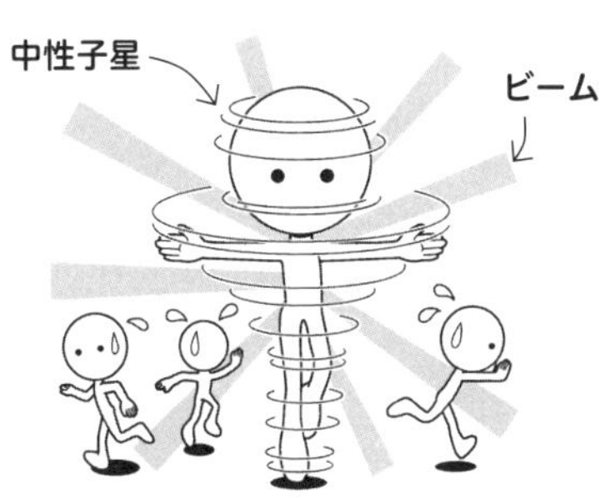

高速自転と強力な磁力によって、中性子星はビームを発射する

FILE.
093

超新星爆発

提唱者	板垣公一など
提唱された年	19世紀～現在
関連する用語	太陽系、重力、準惑星

スポーツ界などで新人選手が活躍すると、よく超新星などと表現しますが、実は天体における超新星は寿命を終え、**恒星が爆発し、非常に明るく見える天体**を指します。そして星全体を吹き飛ばす爆発のことを**超新星爆発**と呼びます。超新星爆発はその天体の質量のちがいと、爆発のきっかけのちがいによってⅠ型とⅡ型に分類されます。Ⅰ型は他の恒星の影響によって核融合反応が暴走して爆発することで起こり、Ⅱ型は中心部の核融合反応が止まってしまい、自分自身の重力を支えきれなくなって爆発します。2018年、この超新星爆発直後の星をアマチュア天文家の板垣公一が観測して話題となりました。

Ⅰ型

星の内部で核融合反応が暴走して爆発する

Ⅱ型

星の中心部の核融合反応が止まって爆発する

COLUMN

星の寿命は何歳!?
質量で異なる消滅方法

夜空に輝く星にも寿命があります。ただ、動物や人間のように一定期間が決まっているわけではありません。たとえば、太陽のような恒星は、質量によって寿命が左右されると考えられています。また、地球のような惑星は恒星に飲み込まれて消滅するようです。

太陽の質量を基準に考えられる消滅のあり方

太陽を含む恒星は質量によって4種類の寿命の迎え方があります。太陽の0.08倍以下の質量の恒星は、核融合反応が起こらず、ゆっくりと冷えて褐色矮星になります。次に太陽の0.08～8倍の質量の恒星は、数億年～数百億年かけて、内部の元素を燃やし続け、最後には星の外側の物質を放出して白色矮星（はくしょくわせい）になって穏やかな死を迎えます。太陽もこれと同じような最後ではないかと考えられています。

一方、これよりも質量の大きな恒星は、激しい核融合反応を起こして重力によって超新星爆発を起こします。さらに太陽の25倍以上の質量をもつ恒星の場合は、超新星爆発のあとにブラックホールになります。その寿命は太陽の2000分の1以下だとされます。

なお、地球は太陽が白色矮星になる過程で巨大化するのに伴って、太陽に飲み込まれて消滅すると考えられています。とはいえ、その期限は今から数えて約50億年後。はるか未来の話ですね。

FILE.
094

ビッグバン

提唱者 ジョージ・ガモフ、アラン・グース、佐藤勝彦
提唱された年 20世紀
関連する用語 素粒子、インフレーション理論

宇宙が誕生するときにビッグバンが起きたと勘違いしている人も多いのではないでしょうか。厳密にいえば、ビッグバンとは**誕生直後の超高温の宇宙のこと**を指します。このビッグバン理論を提唱したのは、ロシアのガモフでしたが、当初は冷笑を込めて「ビッグバン」と呼ばれていました。しかし、1981年にアメリカのグースによる**インフレーション理論**によって、ビッグバン理論が支持されるようになりました。インフレーション理論とは、簡単にいってしまえば宇宙の膨張(→ P129)を証明したもの。実はこの理論を最初に提唱したのは日本人。佐藤勝彦が素粒子物理学を用いて証明しようとしたのが始まりでした。

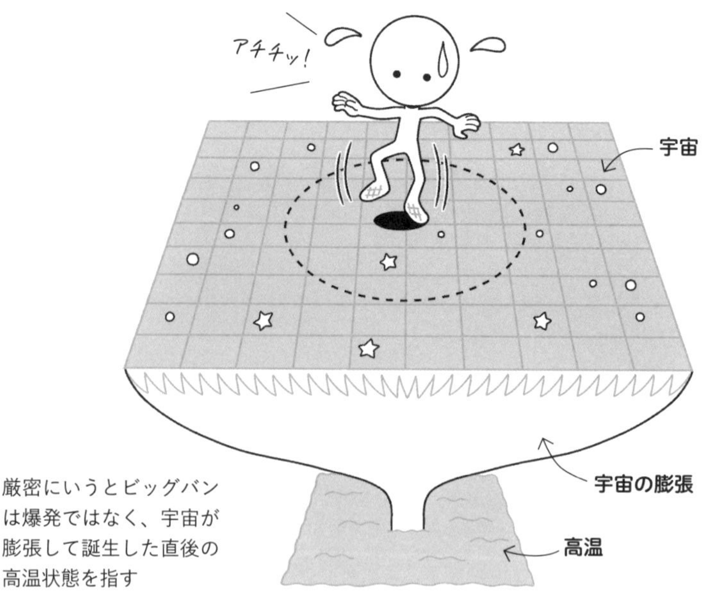

厳密にいうとビッグバンは爆発ではなく、宇宙が膨張して誕生した直後の高温状態を指す

FILE. 095

ブラックホール

提唱者 カール・シュヴァルツシルト

提唱された年 1916年

関連する用語 一般相対性理論、恒星、超新星爆発

光でさえも抜け出すことができない強力な重力をもつのがブラックホールです。ブラックホールについては古くからその存在が知られており、1916年にドイツのシュヴァルツシルトが理論的に考察しました。ブラックホールは非常に質量の重い恒星の**超新星爆発によって生じる**と考えられ、現在でも世界中で観測が続けられています。正確にいえば、ブラックホールを直接観測することはできないものの、そこに落ち込む物質が放つ放射によって間接的に存在を確認しています。銀河系の中心には太陽の質量の約100万倍以上のブラックホールが存在するともいわれています。

ブラックホールは光さえも飲み込む重力の化け物。
そこに飲まれたら脱出は不可能だとされている

宇宙背景放射

FILE. 096

提唱者	アーノ・ペンジアス、ロバート・ウッドロウ・ウィルソン
提唱された年	1965年
関連する用語	原子、原子核、電子

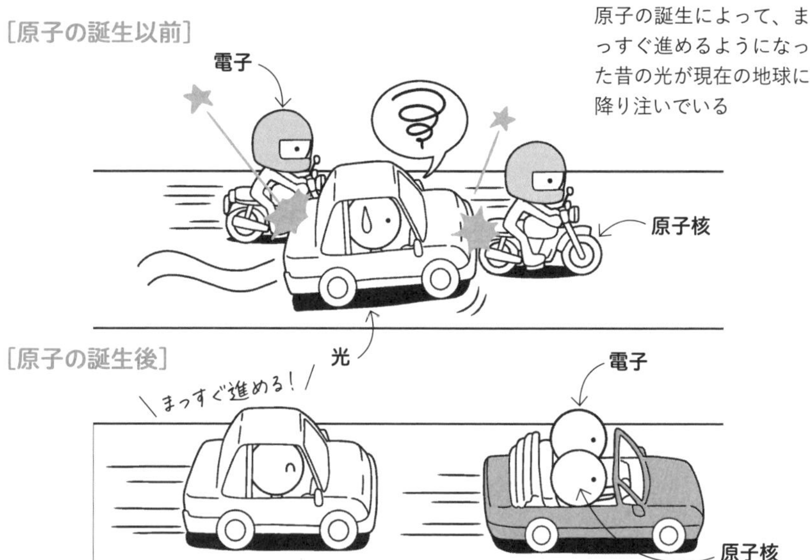

宇宙が誕生した約38万年後、宇宙の温度が下がって電子や原子核の飛び交う速度が遅くなり、**マイナスの電荷を帯びた電子はプラスの電子を帯びた原子核にとらえられる**ようになりました。これが原子の誕生です。原子が誕生する以前は、空間を飛び交う電子や原子核と絶えず衝突していたため、光はまっすぐに進むことができませんでした。しかし、電子と原子核がくっついたため、ようやく光が放射されました。この瞬間に存在した光の放射のことを**宇宙背景放射**と呼びます。はるか昔の光ですが、138億年をかけてあらゆる方向から地球に降り注いでいるそうです。

FILE.
097

宇宙の膨張

提唱者 アラン・グース、佐藤勝彦
提唱された年 1981年
関連する用語 ビッグバン、インフレーション理論、銀河

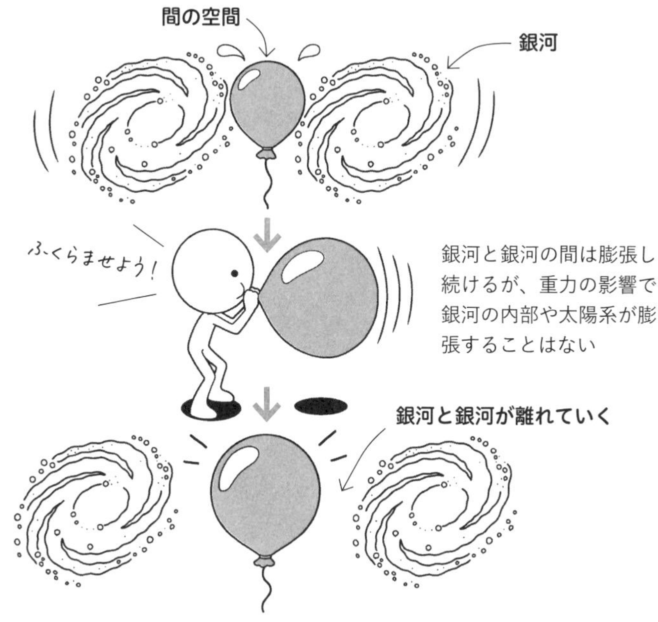

ビッグバンでも触れたように、宇宙は膨張を続けることで誕生しました。この膨張は現在も続いています。では、私たちが暮らす太陽系は膨張しているのでしょうか。実は、宇宙の膨張は**重力による影響が無視できる銀河同士の間の空間にだけ**影響します。銀河そのものはかたまりを保とうとする重力の効果が宇宙膨張の効果よりもはるかに大きいため、膨張することはありません。これと同様に太陽系も膨張することはないとされています。つまり、銀河と銀河の間は膨張によってどんどん広がりますが、銀河の内部や太陽系の内部が膨張することはないのです。

COLUMN

地球の自転を証明！フーコーの振り子

地球が自転しているというのは一般常識ですが、その証明には数々の物理学者が挑みました。そのうちの一人がフランスのミシェル・フーコーです。彼はパリのパンテオン寺院で、巨大な振り子を用いて地球の自転を証明し、この振り子のことを「フーコーの振り子」と呼びました。その原理には、コリオリの力という法則が深くかかわっています。

日本国内でも見られる原理と仕組み

フーコーの振り子の原理を考えるにはコリオリの力を理解する必要があります。たとえば、北極から赤道上のある地点に向けて、ミサイルを打ったとします。私たちの実感としては、ミサイルはまっすぐ飛んでいるように見えます。しかし、地球上に北極と目標地点を結ぶラインを描いた場合、このミサイルは、北半球では「北へ向けた砲弾は東へ、南へ向けた砲弾は西へ」とずれていくことがわかっていました。これは地球の自転によって生じた力で、これをコリオリの力といいます。

フーコーの振り子も、その運動が減衰しきるまで往復運動を続けるので、地表面を行き来するたびにコリオリの力の影響を受けることとなり、次第にずれが生じます。これによって、地球の自転を証明したのです。非常に大きな振り子であり、日本国内では国立科学博物館で実際に見ることができます。

FILE.
098

光年

提唱者 オットー・エドゥアルト・ヴィンツェンツ・ウレ
提唱された年 1851年
関連する用語 光、光速

おもに宇宙空間の距離を測るときに用いられている単位が光年です。1光年は光が1年間に進む距離で、実際の長さは約9兆4607億キロメートル。新幹線で約361万年かかります。この光年を用いて、光の反射速度を計測して地球と天体の距離測定しています。この計測法をレーダーと呼んでいるのです。

天体の距離などを計測する際に用いられる単位。時間を表すものではないことに注意

FILE.
099

赤方偏移

提唱者 エドウィン・ハッブル
提唱された年 1929年
関連する用語 ドップラー効果、電磁波、宇宙の膨張

遠方からの電磁波の波長が、長いほうにずれて観測される現象。その要因として重力や宇宙の膨張による光のドップラー効果が考えられます。電磁波の波長が長くなると、目に見える色が赤色に近づきます。この法則によって、宇宙が膨張していると考えられるようになりました。

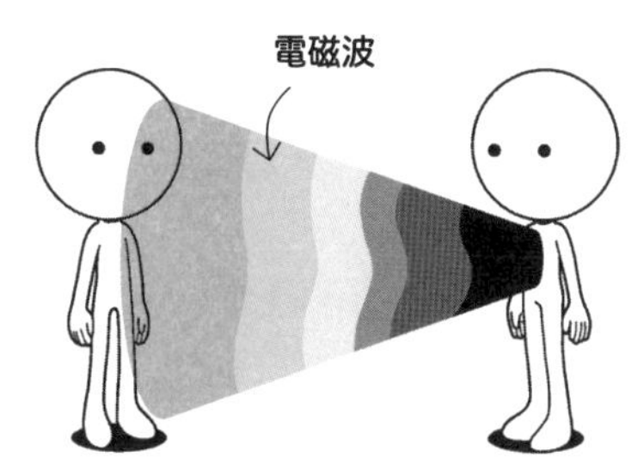

宇宙から届く電磁波の色は赤色に近づく。これはドップラー効果や重力などの影響を受けて赤方偏移を起こしているから

FILE.
100

ダークマター

提唱者 フリッツ・ツビッキー、ヴェラ・ルービン
提唱された年 20世紀～現在
関連する用語 銀河、銀河団

無数の星の集合体である銀河が、50個以上集まっていることを**銀河団**と呼びます。その銀河団のなかで、銀河はさまざまな方向に運動をしています。しかし銀河団のすべての銀河の重力を足してもこれらの運動をつなぎとめることができません。そこで天文学者たちは頭を悩ませて、銀河たちは目に見えない**ダークマターの重力**によってつなぎとめられているのではないかと考えました。ダークマターは日本語で「暗黒物質」といわれる正体不明の物質で、電磁波を放射していないため確認することができません。また、普通の物質をすり抜けるという性質もあると考えられています。

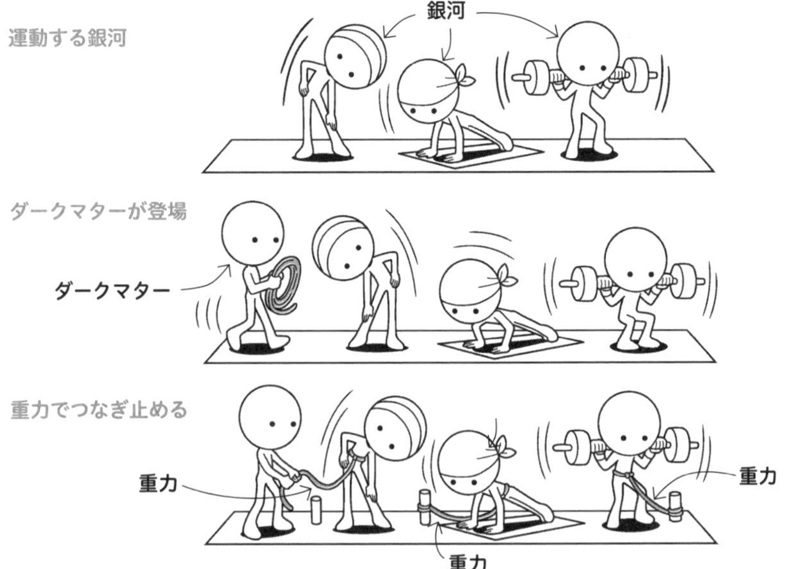

目には見えないダークマターは、運動する銀河をつなぎとめる重力をもっているとされている

COLUMN

月と地球は同じだった!? ジャイアント・インパクト説

星の起源は謎が多いですが、私たちになじみの深い月は実はもともと地球だったのではないかという説があります。これを「ジャイアント・インパクト説」と呼びます。1975年にアメリカの惑星科学研究所で提唱され、現在でも観測と研究が続けられています。

衝突した天体と地球の破片で月が誕生?

ジャイアント・インパクト説を要約すると、「地球が形成されて間もない頃に、現在の火星くらいの大きさの天体が浅い角度で地球に衝突した」となります。この説によると、衝突した天体は粉々になって、地球もその一部が壊れて、飛び散った物質が再び集まって月になったとされています。この説の特徴は月の岩石の化学組成がうまく説明できることにあり、地球と月がもともと同じ天体だったというのは昔話のようで何ともロマンがあります。

ただ、月と地球の岩石について、さまざまな元素の同位体比が測定されたことが逆に「月を形成するもとになった物質の半分以上は衝突した天体に由来すると考えられるので、月の組成は地球とは異なるはずだ」という批判も起こりました。しかし、近年になって地球と月の岩石の酸素同位体比を精密に測定してわずかなずれが発見されました。これにより、ジャイアント・インパクト説を支持される結果となっています。

第7章

天気の理解を深める　気象力学

INTRODUCTION

気候の多くは大気中の力学的変化で説明できる

地球上の気候は、酸素や二酸化炭素などで形成される大気が大きく関係しています。こうした大気の動きを力学的に捉えたのが気象力学です。大気は地球上の生命を維持する重要な装置ですが、その成り立ちは**微惑星と呼ばれる星同士の衝突**によって水蒸気や二酸化炭素などの揮発成分が放出されました(脱ガス)。この現象によって、**二次大気**と呼ばれる大気が形成され、それが冷えて水蒸気が液体となり海が形成され、海では光合成をする生物が生まれ、大気中に酸素が誕生したとされています。

実は地球の気温を維持している「温室効果」

また、地球の気候に影響を与えるのが気温です。気温は太陽からエネルギーを受け取り、その一部を赤外線として放射するというエネルギーの収支によって決まります。実は太陽とのエネルギー収支を計算すると地球の**平均気温は－18℃**になるとされています。しかし、地球の平均気温は約15℃に保たれています。これは地表から放たれた赤外線を水蒸気や二酸化炭素が吸収して放出を妨げているからです。これが**温室効果**と呼ばれるものです。

大気の動きを記述するのは古典力学の領域

大気の変化は古典力学的な記述で示されます。力学において、大きさをもたない最も単純な物体を**質点**と呼び、その運動を記述するときは、3次元のデカルト座標を用います。ただ、大気の場合は無数の質点がバラバラに運動しているようなもの。そこで分子1個で考えるのではなく、**大気全体を1個の空気塊（くうきかい）として捉える**マクロな視点が必要になります。この空気塊の密度や温度といった物理量は場所や時間によって、連続的に変化します。こうした仮想的な物体を連続体と呼び、連続体の運動を示すために、気象力学では**ラグランジュ記述**や**オイラー記述**といった方法を用いています。

天気の予測に不可欠な熱力学の状態方程式

地球が自転していることは周知の事実ですが、地球の大気を考えるときは、その力を考慮しなくてはなりません。回転する気体にかかる慣性力のことを**コリオリの力**と呼びます。大気の運動はニュートンの運動方程式や、コリオリの力などを考慮して割り出されているのです。さらに、天候の予測は温度や気圧、風速などの要素を運動方程式や熱力学の法則などを用いて計算します。そのうちのひとつが理想気体の**状態方程式**です。雲や雨、雷といった基本的な現象もすべて物理学で説明できるのです。

POINT

- 天気の変化は、大気の運動がカギを握る
- 温室効果は、地球の気温を保つために不可欠
- 古典力学の方程式を活用して天気が予測されている

気圧

提唱者 エヴァンジェリスタ・トリチェッリ
提唱された年 1643年
関連する用語 重力

FILE. 101

気圧は地球から大気が逃げていかない力のことです。この力の正体はずばり重力。気圧は地面に近ければ近いほど高く、空に近づけば近づくほど低くなります。高い山などに空気の入った袋をもっていくと自然とふくらむことがありますが、これは袋の中の気圧が外の空気よりも高いからです。

気圧は地表上の空気にかかっている重力のこと。イタリアのトリチェッリが気圧計をつくった

ヘクトパスカル

提唱者 ブレーズ・パスカル
提唱された年 1971年（単位認定）
関連する用語 重力

FILE. 102

気圧の単位で「hPa」と表します。ヘクトはギリシア語の「100」に由来し、パスカルはフランスの哲学者パスカルに由来しています。パスカルが圧力の伝わり方を証明したことを称えて、単位になりました。なお、海面付近の気圧は1013hPaで、高度50キロメートル付近では1hPaになります。

海面の気圧

高度50キロメートル付近の気圧

FILE. 103

雲

提唱者 ロベール・ビュローなど
提唱された年 20世紀
関連する用語 雲粒、上昇気流

雲は水蒸気のかたまりと覚えている人も多いでしょうが、厳密にいえば、ちりと水蒸気が合体してできる雲粒（うんりゅう）という小さな水滴と氷の粒の集合体です。水蒸気だと呼ばれる理由は、空気中に含まれる水蒸気が上昇気流に乗って高く上がり、気体でいられなくって液体になって雲を形成するからです。

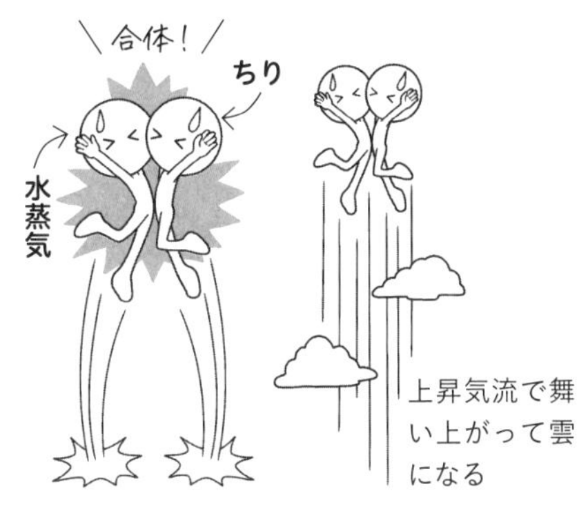

上昇気流で舞い上がって雲になる

FILE. 104

雨

提唱者 アリストテレスなど
提唱された年 紀元前
関連する用語 雲、雲粒

雨のもとになるのが雲粒です。雲粒は上空にあるときは直径0.02ミリほどですが、地上に落ちる雨の大きさは約2ミリにもなります。これは雲から落下する過程で、ほかの雲粒と合体して大きくなったり、上空における過冷却という現象で大きくなったものが落下して途中で溶けたりするからです。

雲粒が合体して雨になる雲のことを「暖かい雲」、過冷却で大きくなって雨を降らす雲を「冷たい雲」という

FILE.
105

虹

提唱者	アイザック・ニュートン、ガリレオ・ガリレイなど
提唱された年	17世紀
関連する用語	スペクトル

虹は空気中の雨粒に太陽の光が反射してできるということを知っている人は多いでしょう。しかし、いったいなぜ7色なのでしょうか。これはニュートンが発見した**光のスペクトル**で説明できます。光の色は波長によって異なり、人間に見えるスペクトルは7色であるとされています。また、虹が必ず弧を描いているのは、**見えている部分が半分**というだけで、実際は完全な円形をしています。地球に隠れて半分が見えなくなっているのです。ちなみに、太陽の光を反射しているので、**虹は必ず太陽の反対側**にあります。このように虹ができる仕組みは、力学的な理由なのです。

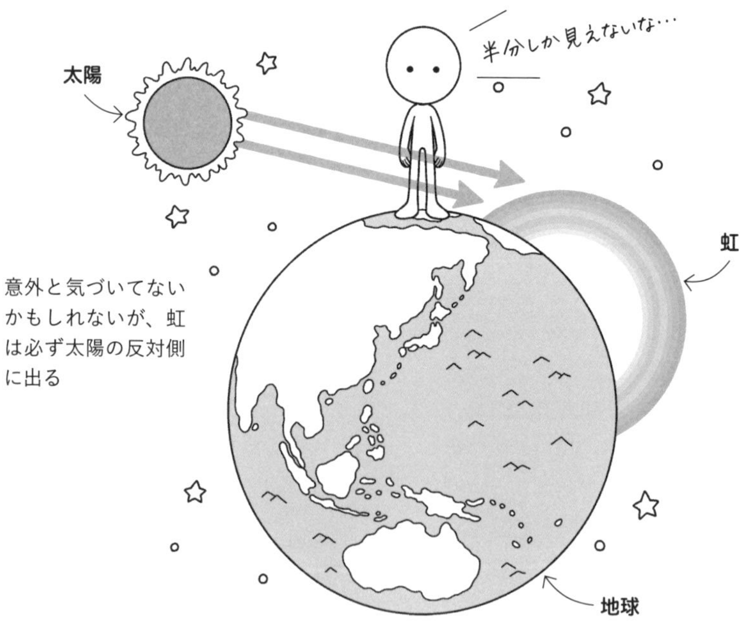

意外と気づいてないかもしれないが、虹は必ず太陽の反対側に出る

FILE. 106

竜巻

提唱者 藤田哲也など
提唱された年 1971年
関連する用語 上昇気流、積乱雲

発達した積乱雲は強い上昇気流を伴います。この上昇気流によって発生する激しい渦の柱が竜巻です。竜巻の中心部分は気圧が低くなって、渦の中心に向かってらせん状に風が吹きこみます。これは力学における円運動の応用で説明でき、メカニズムの解明には日本人の藤田哲也が功績を残しました。

竜巻の強さを示す指標は藤田哲也にちなんで国際的に「藤田スケール」が用いられる

FILE. 107

台風

提唱者 ガスパール=ギュスターブ・コリオリなど
提唱された年 1835年
関連する用語 低気圧、コリオリの力

災害を引き起こす台風は、熱帯で発生した低気圧の最大風速が秒速17.2メートル以上になったものを指します。台風は上昇気流によって風が中心に吹きこみ、コリオリの力という見かけの力によって、北半球では巨大な反時計回りの渦をつくります。コリオリの力は、力学の円運動で用いられます。

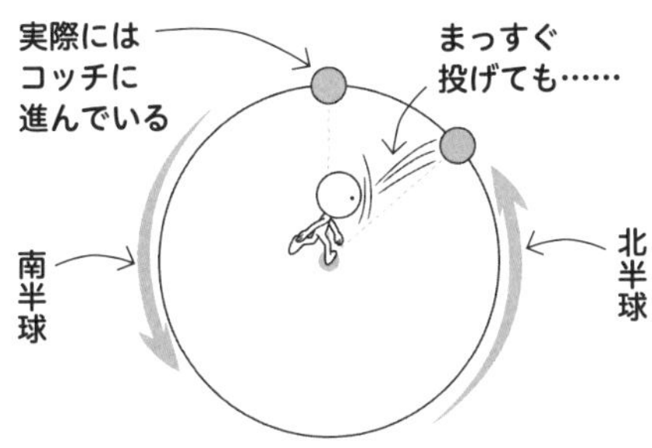

コリオリの力は円運動をしている物体の向きを変える力のこと

FILE. 108

雷

提唱者 ベンジャミン・フランクリンなど
提唱された年 18世紀ごろ
関連する用語 電子、積乱雲、あられ

雷は**電子のはたらき**と非常によく似た現象で発生します。積乱雲の中には、**あられ**やごく小さな**氷の結晶（氷晶）**が存在しています。また、あられはマイナスの電荷、氷晶はプラスの電荷を帯びています。積乱雲内では非常に強い上昇気流が発生しているため、質量の軽い氷晶は上に吹き上げられ、逆に重たいあられは雲の下にとどまります。このとき、雲の下部にたまったマイナスの電荷によって、地上にはプラスの電荷が引き寄せられていきます。つまり、雲の上部から地表にかけてプラス、マイナス、プラスという電気が流れる仕組みができあがり、雷となって地上に落ちるのです。

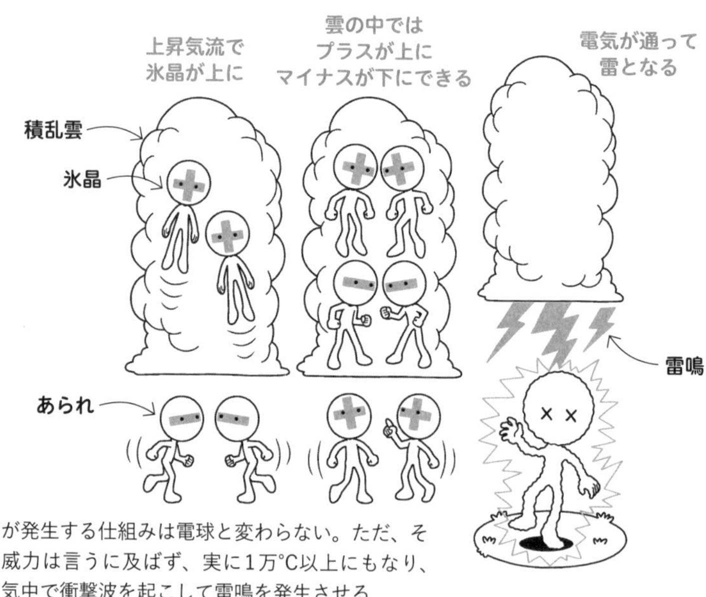

雷が発生する仕組みは電球と変わらない。ただ、その威力は言うに及ばず、実に1万℃以上にもなり、空気中で衝撃波を起こして雷鳴を発生させる

FILE. 109

オーローラ

提唱者 クリスチャン・ビルケランドなど
提唱された年 19世紀ごろ
関連する用語 電磁気学、太陽風、プラズマ

北極や南極の近郊で見られる不思議な現象として、テレビなどで見たことがある人も多いでしょう。オーロラが発生するメカニズムについては不明なところもありますが、現在は太陽が放出している**太陽風**によって生み出されているとされています。太陽風は、太陽から吹き出す超高温で電離した粒子のことで、いわゆる**プラズマ**です。この太陽風が地球の高度100～500キロ圏内にある大気の原子とぶつかって**放電現象**を起こしたものがオーロラです。酸素原子とぶつかると白っぽいグリーンや赤、窒素分子とぶつかると紫や青色になり、プラズマ粒子がぶつかる**原子や分子の種類で色が変わります**。

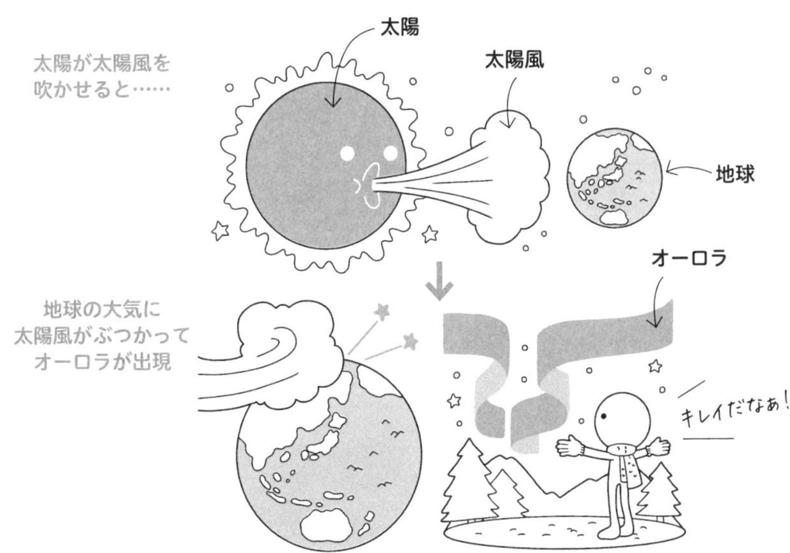

オーロラが太陽風のしわざだと最初に指摘したのはビルケランド。その後研究が進み、放電現象であると推測されている

蜃気楼

FILE. 110

提唱者	ガスパール・モンジュ
提唱された年	18〜19世紀ごろ
関連する用語	光、屈折、プリズム

フランスの数学者モンジュがナポレオンのエジプト遠征時に発見したとされる蜃気楼。これは海面付近の気温が低くなり、上空の暖かい空気との間に温度差が生じたとき、**太陽で熱せられた空気が光を屈折させるプリズムを形成して地上の風景が別の方向にあるように見せる**現象です。

空気が熱せられる暑い夏場に発生することが多く、気温差の激しい寒冷地でよく見られる。北海道では四角い太陽などが見られることも

逃げ水

FILE. 111

提唱者	源俊頼
提唱された年	12世紀ごろ
関連する用語	光、屈折、プリズム

風のない真夏の日にアスファルトの道路の先が水のように見えることがあります。これを逃げ水といいます。基本的には蜃気楼と同じ原理で起こる現象で、**地表面に近いほど屈折率が低くなるような空気の層が形成されている**ことが発生の条件です。逃げ水という名称は平安時代の歌集によります。

ある暑い日……

車の中の景色

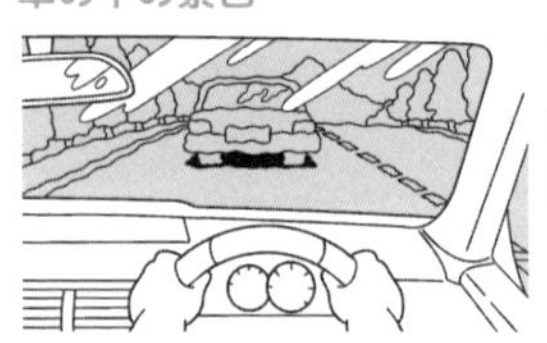

アスファルトの先がユラユラと水のように見える現象を逃げ水と呼ぶ

梅雨

FILE.
112

提唱者	頓野廣太郎
提唱された年	1895年
関連する用語	高気圧、ジェット気流

日本の特徴的な気候のひとつに梅雨が挙げられます。学術的にいえば5～7月ごろに約40日間ほど雨がちな気候が続くこととされています。梅雨は、暖かい空気と冷たい空気がぶつかった境目の前線が長く日本列島に停滞することで起こります。梅雨の時期の日本列島には北側に冷たいオホーツク海高気圧、南側に暖かい太平洋高気圧が発生し、その間に挟まれます。どちらの風も海上を通ってくるので、自然と水蒸気が多くなり雲が発生しやすくなり、雨の降りやすい状態が続きます。オホーツク海高気圧が発生する原因は、地球上を常に吹き抜けるジェット気流が影響しているため、梅雨は逃れられないのです。

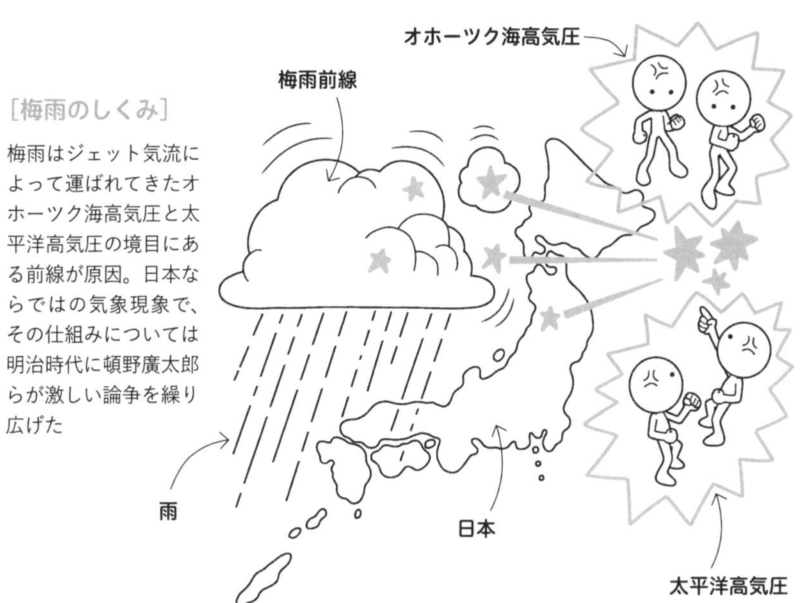

［梅雨のしくみ］

梅雨はジェット気流によって運ばれてきたオホーツク海高気圧と太平洋高気圧の境目にある前線が原因。日本ならではの気象現象で、その仕組みについては明治時代に頓野廣太郎らが激しい論争を繰り広げた

地球温暖化

FILE.
113

提唱者 ジェームズ・ハンセン
提唱された年 1988年
関連する用語 放射均衡

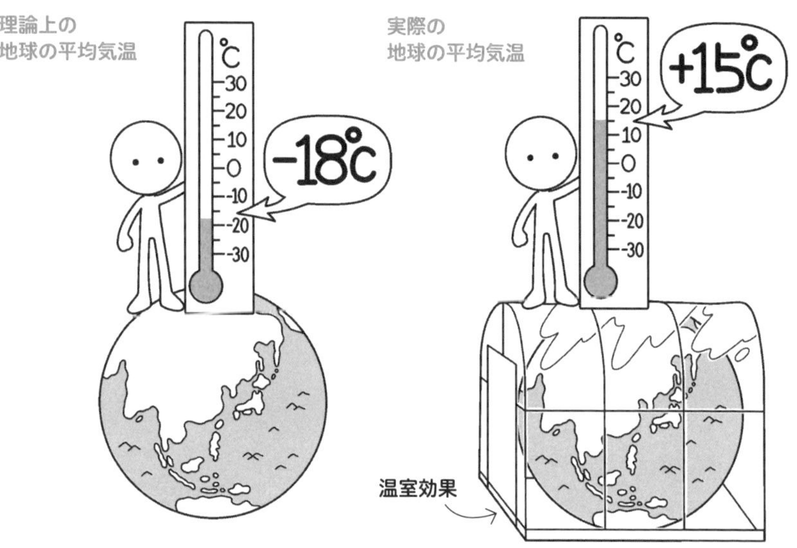

地球を覆う大気がビニールハウスのような効果を起こすことを温室効果と呼ぶ。
温室効果がなければ地球上の温度は－18℃になってしまう

地球温暖化と聞くと、その現象がまるで悪者のように聞こえてしまいますが、実は温暖化は私たちが地球で生きていくのに必要なことなのです。そもそも地球の温度は**太陽が放射した熱エネルギー（暖める）**を受け取り、その一部を**赤外線として宇宙空間に放出（冷やす）**しています。このエネルギーの収支を**放射均衡**と呼び、そのバランスによって地球の平均気温は決まっています。現在、地球の平均気温は約15℃ほどだとされていますが、理論計算上では大気による温室効果がなければ、地球の平均気温は**－18℃**になります。つまり、地球上にある大気によって、気温を30℃以上も上昇させているのです。

では、地球温暖化の何が問題かといえば、放射均衡が保たれず、どんどん気温が上がっていることにあります。その原因とされているのが**二酸化炭素**です。二酸化炭素は地球表面から宇宙へ放射される赤外線を吸収するため、地球は冷えにくくなります。つまり、太陽から受け取った熱が、そのまま地球上にとどまってしまうので、熱が逃げない状態なのです。温暖化によって各地の氷河が溶け、海面が上昇していることも大きな問題です。このままのペースで海面上昇が続くと、日本の沿岸部は沈没し、2100年には約600万人に影響が出るという報告もあります。

［現在］

［温暖化が進むと……］

温暖化による影響のひとつが海面上昇。世界の島国では海面上昇による洪水の影響などが出始めているという

温室効果ガスは二酸化炭素だけじゃない！

日本では、右表のように温室効果ガスとして7種類を定めています。なかでも二酸化炭素よりも高い温室効果があるとされているのがメタンです。その効果は実に二酸化炭素の21倍。メタンは天然ガスの主成分で、都市ガスなどに使用されています。なお、2021年の天然ガス使用量ナンバースリーはアメリカ、ロシア、中国となっています。

おもな温室効果ガス

- 二酸化炭素
- メタン
- 一酸化二窒素
- ハイドロフルオロカーボン類
- パーフルオロカーボン類
- 六ふっ化硫黄
- 三ふっ化窒素

FILE. 114

カーボンニュートラル

提唱者	イェンス・ストルテンベルク
提唱された年	2007年
関連する用語	温暖化、温室効果ガス

温暖化対策の一環としてカーボンニュートラルという言葉をよく聞くようになりました。これは**人間の経済活動などによる二酸化炭素やメタンといった温室効果ガスの排出量と、植物などによる吸収量が等しくなっている状態**のことを指します。日本の温室効果ガスの排出量は年間約11.7億トン(2021年)。そのうち電力やガソリンなどのエネルギーを由来として排出されている二酸化炭素の割合は85%に達しています。これを完全に0にすることは難しいため、二酸化炭素を貯蔵・回収するCCSやCCUSといった技術開発が進められています。北海道・苫小牧では、港内の海底の下に二酸化炭素を高い圧力で貯留する作業が行われており、海底の深くに掘った井戸に、年10万トン規模の二酸化炭素を3年間埋めこむ予定です。

FILE.
115

フェーン現象

提唱者＝ユリウス・フェルディナント・フォン・ハン
提唱された年＝19〜20世紀
関連する用語＝熱力学、断熱変化

春先になると急激に気温が上がったり、激しい嵐が起こったりします。その際、天気予報などで「フェーン現象によるもの」などと耳にしますが、この現象は熱力学によって説明できます。風が山を越えるとき、稜線に沿って上昇します。このとき断熱変化という現象が起き、**100メートルにつき0.5°Cずつ空気の温度が下降**。雲ができ始めたところで、山の稜線を下って、**100メートルごとに1°Cずつ上昇**します。この風は暖かくて乾燥した下降気流となり、ふもとの気温が上昇するのです。全国各地に「**○○おろし**」と呼ばれる風がありますが、これもフェーン現象によるもの。時に雪崩や家事の原因になることもあります。

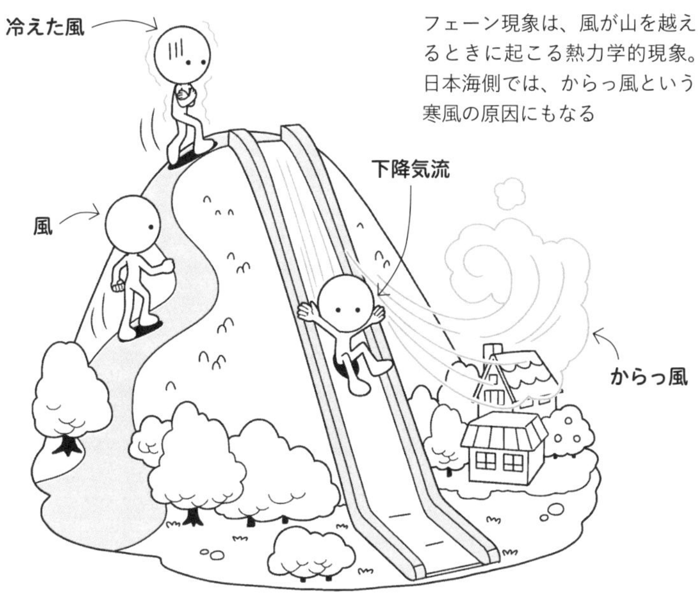

フェーン現象は、風が山を越えるときに起こる熱力学的現象。日本海側では、からっ風という寒風の原因にもなる

FILE.
116

線状降水帯

提唱者	加藤輝之など
提唱された年	2007年
関連する用語	積乱雲

線状降水帯はいうなれば、積乱雲の行列。次々と新しい積乱雲が後ろにできるため、同じ地点で大量の雨が長時間降り続ける

ラーメン

積乱雲

近年、日本に大災害をもたらす気象現象として知られているのが線状降水帯です。簡単にいってしまえば、**大量の雨を降らせる積乱雲の行列**です。この現象が起こる条件は、雲が発生する高度の上層よりも下層の風速のほうが強いとき。発達した積乱雲は下層の風に流されて移動していきますが、雨は進行方向の後ろ側に降ります。この雨粒は地上に落ちる前に蒸発し、地表面付近で吹きつける風が、発達した積乱雲の後ろに新たな積乱雲を生み出します。本来、積乱雲は強い雨を短時間で降らせる性質がありますが、それが**何回も同じ地点にやってくるので**、**長時間強い雨を降らせる**のです。

絶対不安定

FILE.
117

提唱者 不明
提唱された年 不明
関連する用語 大気

絶対不安定に対して、大気が完全に安定していることを絶対安定と呼び、晴天になる。絶対安定か絶対不安定かのどちらにでもなりそうな大気の状態を条件付き不安定という

よく天気予報で「大気が不安定」という言葉を耳にするかと思います。なんとなく雨が降りやすいという意味で受け取っている人も多いのではないでしょうか。しかし、厳密にいえばやや意味が異なります。気象力学で不安定が意味するのは、**大気に存在する空気の塊(空気塊(くうきかい))が上昇しやすいこと**を指します。空気塊が上昇すると雲ができやすくなるので、結果的に雨が降りやすく、「大気が不安定」になるのです。なかでも、絶対不安定という状態は、**空気塊が常に上昇してしまうような大気**のことを指します。ほかにも条件付き安定、絶対安定の段階があり、絶対安定だと空気塊が上昇しません。

COLUMN

短時間で激しい雨！ゲリラ豪雨のメカニズム

異常気象が増えてきたと肌で感じている人も多いでしょう。近年多いのが豪雨災害。なかでも、短時間のうちに激しい雨が降ることをゲリラ豪雨と呼びます。数時間に100ミリ以上の雨を降らすのが特徴です。そのメカニズムは積乱雲によるものですが、同じ積乱雲によって起こる線状降水帯とは雨の降る範囲と時間が異なります。

ゲリラ豪雨の正体は巨大に発達した積乱雲

ゲリラ豪雨をもたらすのは夏に発生しやすい積乱雲です。ただ、普通の積乱雲は寿命が短く、雨を降らせても夕立のようにざっと降って終わります。一方、ゲリラ豪雨をもたらす積乱雲は、その発達具合が異常です。このような積乱雲ができるとき、地表付近に暖かく湿った空気が流れ込み、上空に冷たい空気が流れ込んで大気が不安定な状態になります。こうして誕生した巨大な積乱雲がゲリラ豪雨の正体です。

しかし、ゲリラ豪雨のメカニズムはわかっていても、天気予報で予測するのは非常に困難です。2013年7月には東京都世田谷区と目黒区を中心として巨大な積乱雲が突如として発生。予想外のゲリラ豪雨となって、激しい雨を降らせ、道路の冠水などの被害をもたらしました。

とはいえ、短時間で終わるということもあり、次々と積乱雲が発生する線状降水帯よりも被害が軽微で済むことがほとんどです。なお、ゲリラ豪雨という気象用語はなく、正式には「局地的大雨」と呼ばれます。

第2部

応用知識編

本編は、いよいよ現代物理学の領域に踏み込みます。
その中心となるのは原子をつくる「素粒子」。
とてつもなくミクロな世界で繰り広げられる
常識では考えられない物理学の今に迫ります！

第1章

超ミクロな世界！ 量子力学

INTRODUCTION

現代物理学の主流「量子」って何？

アインシュタインの登場以降、物理学はよりミクロな世界の探究へと向かっていきます。こうしたミクロな世界に関する学問を「量子論」と呼び、その中心となるのが素粒子という物質です。素粒子は、原子や分子をつくる小さな物質で、粒子と波動の性質をもっています。この量子の動きやはたらき、性質などを力学的に解明しようとする物理学の分野を量子力学といいます。

「1+1=2」じゃない!? 不思議な量子の世界

量子は不思議な性質をもっています。たとえば、私たちは「1＋1＝2」を常識だと考えていますが、そもそも1という数字が、実は「1ではなく、ときどき2になったり、0.5になったりする」としたらどうでしょう。こうした特徴を「非線形」と呼び、量子の世界の常識になります。そのため、素粒子の性質や特徴を考えるとき、非線形という視点がポイントになります。なお、私たちが普段使っている数学は「1＋1＝2」であることを基本とした「線形」がメインとなります。原子や分子は物質として特定の形をしていますが、それをつくる素粒子は必ずしも特定の形をしているわけではないのです。

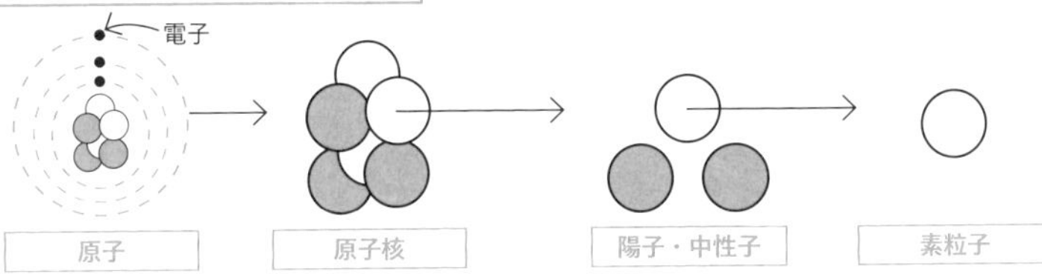

原子も力もつくる素粒子

素粒子は、それ以上分解できない物質と考えられ、現在までに17種類が発見されています。まず物質を形づくる素粒子には**クォーク**と**電子**、**ニュートリノ**があります。クォークは陽子や中性子をつくっている仲間です。宇宙から届く2次宇宙線に含まれている粒子として1960年代に観測されました。

一方、電子の仲間であるニュートリノは、1930年代にスイスのヴォルフガング・パウリが未知の粒子があることを予測。1937年には、宇宙線の観測からミュー粒子が発見され、ニュートリノの存在が明らかにされました。また、素粒子には物質をつくるグループ以外にも、力を伝える仲間が存在しています。ひとつは第1部でも触れた光子。電磁気力を伝える素粒子として知られています。ほかにも「強い力」「弱い力」「重力」という力があると考えられており、それぞれ**グルーオン**、**ウィークボソン**、**重力子**と名づけられています。ただ、重力子については今もその存在が明らかになっておらず、謎に包まれています。

POINT

- **量子は原子や陽子、中性子、素粒子などを指す名称**
- **量子の世界では「1＋1＝2」が通用しない！**
- **物質を構成するだけでなく、力を伝える素粒子もいる**

FILE.
118

素粒子

提唱者 = ジョゼフ・ジョン・トムソン、湯川秀樹など
提唱された年 = 20世紀〜現在
関連する用語 = 原子、陽子、中性子、中間子

物質を構成する原子は、原子核の周囲に電子が飛び回って存在しています。さらに原子核を分解していくと、陽子と中性子(→ P101)でできていることがわかります。その陽子や中性子は、クォークやレプトンと呼ばれる素粒子で構成されています。つまり、素粒子とは物質をつくる最小単位と考えられます。多くの素粒子には寿命があり、時間が経つと壊れて、別の素粒子になることがわかっています。壊れはじめたときの状態を崩壊、壊れてしまうまでの時間を寿命と呼んでいます。

[原子核の中身]

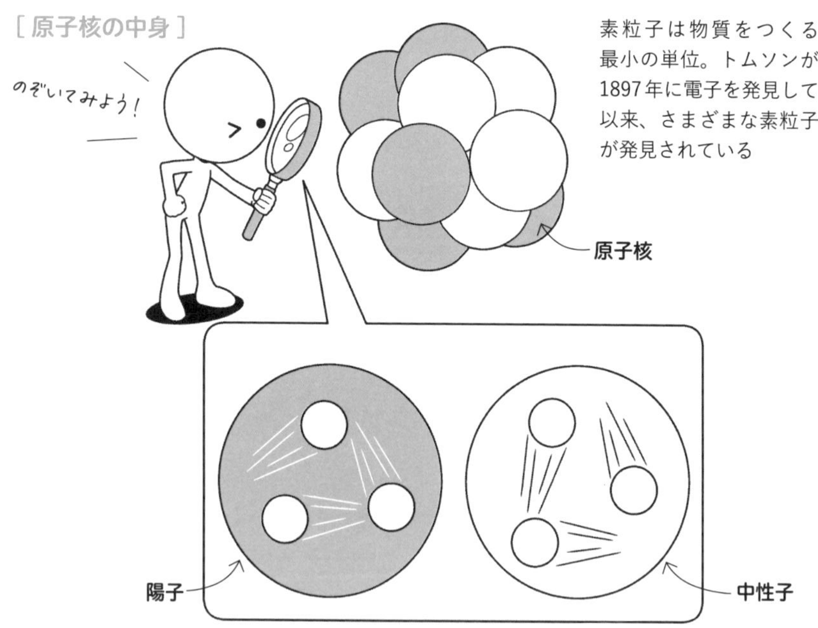

原子核は陽子が結びついてできていますが、ここでひとつの疑問が生じます。そもそも陽子はプラスの電荷を帯びているので、本来であれば反発して結合できないからです。そこで1935年、日本の湯川秀樹は原子核をつなぎ止める力を引き起こすものとして、**中間子**の存在を予言しました。そして湯川は、この陽子と陽子をつなぎ止める力のことを**核力**といいました。核力は、電磁気力で反発し合う力より強くなければなりません。当初、湯川の説に対しては、否定的な論調が多かったそうで、デンマークの大御所学者であったボーアは、来日した際に「君は新粒子が好きなのか」と皮肉めいたことを言ったそうです。しかし、まもなく中間子の実在が確認されて、1949年に湯川秀樹はノーベル物理学賞を受賞しました。

原子核を構成する陽子は、プラスの電荷をもっており、本来は反発し合うはず。中間子はそれをつなぎ止める役割を担っている

素粒子は大きく3つに分類にされています。1つ目のグループはクォーク・レプトン(→ P156)と呼ばれる粒子です。2つ目のグループは、ウィークボソン・グルーオン(→ P157)と呼ばれるもので、力の伝達にかかわる粒子を指します。この2つのグループはそのはたらきを担う粒子がすでに発見されています。最後のグループはヒッグス粒子(→ P202)です。くわしくは後述しますが、ヒッグス粒子は宇宙を解明するうえで非常に重要な粒子だとされています。

FILE.
119

クォーク・レプトン

提唱者 マレー・ゲルマン、小林誠、益川敏英など
提唱された年 1964年
関連する用語 素粒子、陽子、中間子

陽子や中性子をつくっている素粒子のことをクォークといいます。現在発見されているクォークは6種類あるとされており、それぞれ核力をもっていると考えられています。クォークが6種類あると提唱したのは小林誠と益川敏英で、小林・益川理論として知られています。レプトンも物質をつくる素粒子ではありますが、核力をもたず、ニュートリノ(→ P158)と荷電レプトンに分類されます。荷電レプトンで最も有名な素粒子が電子です。荷電レプトンは物質が化学反応を起こす際に、さまざまな相互作用を起こします。一方、ニュートリノは相互作用が少なく、どんな物質か今なお研究が進められています。

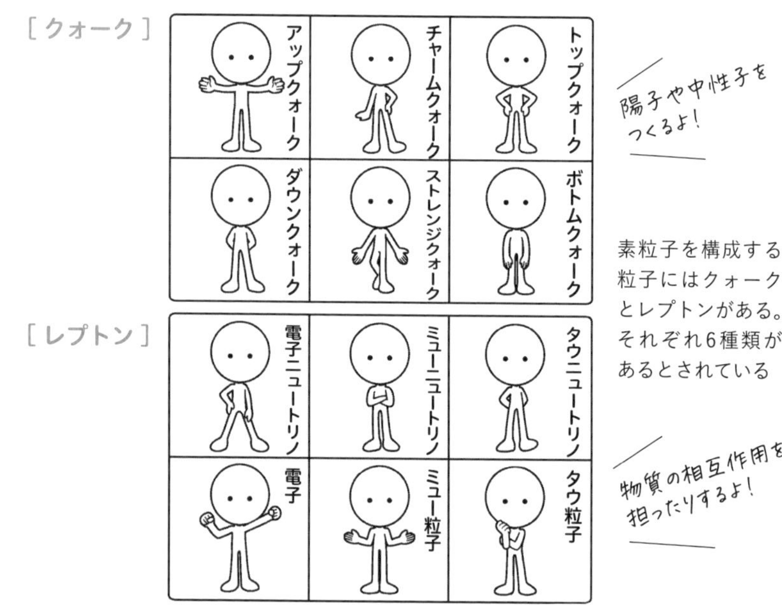

素粒子を構成する粒子にはクォークとレプトンがある。それぞれ6種類があるとされている

FILE. 120

ウィークボソン・グルーオン

提唱者 欧州合同原子核研究所、ドイツ電子シンクロトロン研究所
提唱された年 1979年
関連する用語 素粒子、クォーク

私たちが力と呼んでいるものにも粒子のはたらきが関係しているとされています。物理学では自然界にある力を**電磁気力**、**弱い力**、**強い力**、**重力**の4つに分類し、それぞれ**光子**、**ウィークボソン**、**グルーオン**、**重力子**という素粒子が力を伝えているとされています。このうち弱い力・強い力というのは粒子間ではたらくので聞きなじみがないかもしれません。弱い力は、粒子の崩壊の原因となる力のことで、電磁気力よりもはるかに弱く、短い距離のみではたらきます。一方、強い力は電磁気力の100倍程度の大きさをもつ最も強い力で、クォークを結びつけている力を指します。

自然界にあるとされる強い力と弱い力。その力を担っているのがグルーオンとウィークボソン。そのほか電磁気力の光子などが発見されている

FILE.
121

ニュートリノ

提唱者	ヴォルフガング・パウリ、小柴昌俊など
提唱された年	1930年～現在
関連する用語	素粒子、クォーク、レプトン

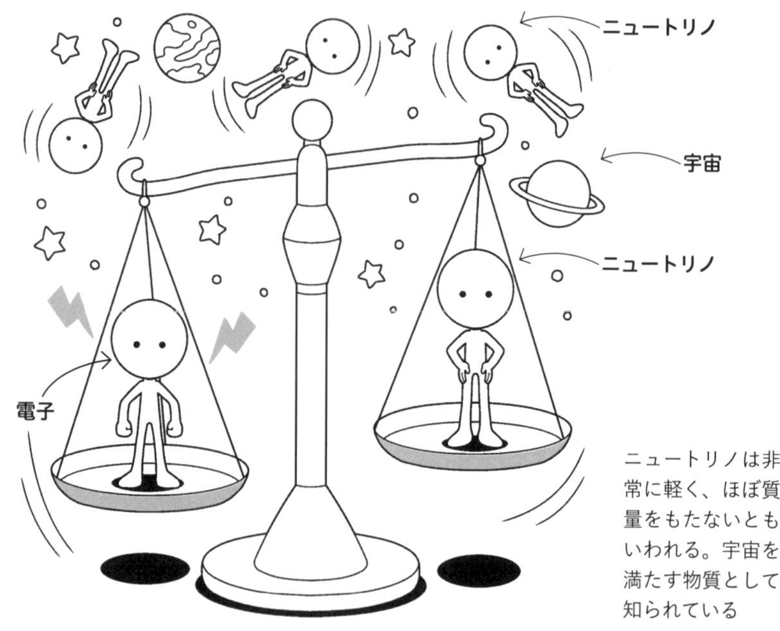

ニュートリノは非常に軽く、ほぼ質量をもたないともいわれる。宇宙を満たす物質として知られている

レプトンの仲間である電子、ミュー粒子、タウ粒子には、それぞれ**対をなす3種類のニュートリノ**があります。ニュートリノは電荷を持たないため、ほかの粒子とは非常に弱い相互作用しかもちません。宇宙は1ccあたり平均300個くらいのニュートリノで満たされているとされています。これは500mlペットボトルの中に15万個くらいのニュートリノが入っているイメージです。ニュートリノは、同じレプトンである**電子の100万分の1よりも軽い**とされていますが、まだその質量は正確に計測できていません。ニュートリノの解明で宇宙に物質が誕生した理由がわかるかもしれないといわれています。

ニュートリノには3種類がありますが、いずれも飛んでいるうちに種類を変えてしまうという性質が指摘されています。厳密にいえば、ニュートリノが変身するというわけではなく、お互いが重なり合っていて、それぞれの質量の違いによって、ある時間が経過すると異なるニュートリノになってしまうのです。これを**ニュートリノ振動**と呼びます。たとえば、電子ニュートリノとミューニュートリノが重なり合っていたとして、長い距離を飛んでいるうちに、それぞれの質量の差によって割合が変化し、ある飛距離では電子ニュートリノ、ある飛距離ではミューニュートリノになるのです。

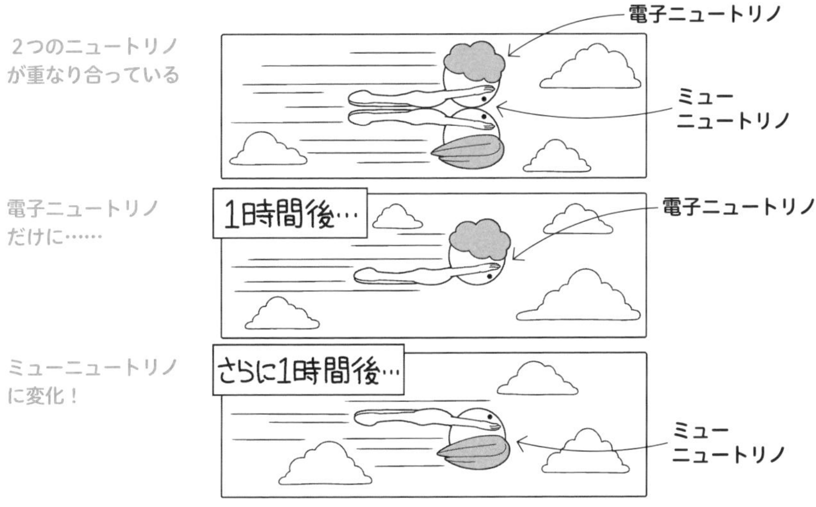

ニュートリノは、ニュートリノ振動によっていつの間にかその種類を変える

ニュートリノ研究の最先端を走るカミオカンデ

2002年にノーベル物理学賞を受賞した小柴昌俊は、岐阜県飛騨市にあるカミオカンデと呼ばれる研究施設で、超新星爆発によって誕生するニュートリノの観測に世界で初めて成功しました。この発見によって、物理学では大きな変化が起こりました。それまで宇宙は光を基準に捉えられていましたが、ニュートリノで宇宙の現象を解釈しようする流れが生まれたのです。今も謎の多いニュートリノですが、1996年に完成したスーパーカミオカンデで今も研究が続けられています。2027年には、スーパーカミオカンデの性能をはるかに超えるハイパーカミオカンデが完成する予定です。

FILE.
122

対消滅・対生成

提唱者	ポール・ディラック
提唱された年	1928年
関連する用語	素粒子、ディラック方程式

イギリスのディラックは、相対性理論(特殊・一般を含めた総称)と量子力学を合体させようと考え、**ディラック方程式**というものを生み出しました。この方程式を解くと、すべての素粒子は同じ質量をもち、反対の電荷をもつ反粒子があることがわかりました。素粒子と反粒子は、相互作用によって消滅したり生成されたりします。たとえば、素粒子と反粒子が出会うと、プラスとマイナスによって打ち消され、真空状態が生じ、もともと素粒子と反粒子がもっていたエネルギーだけが残ります。これを**対消滅**といいます。一方、真空の１点にエネルギーを集中させ、一対の素粒子と反粒子を取り出すことが**対生成**です。

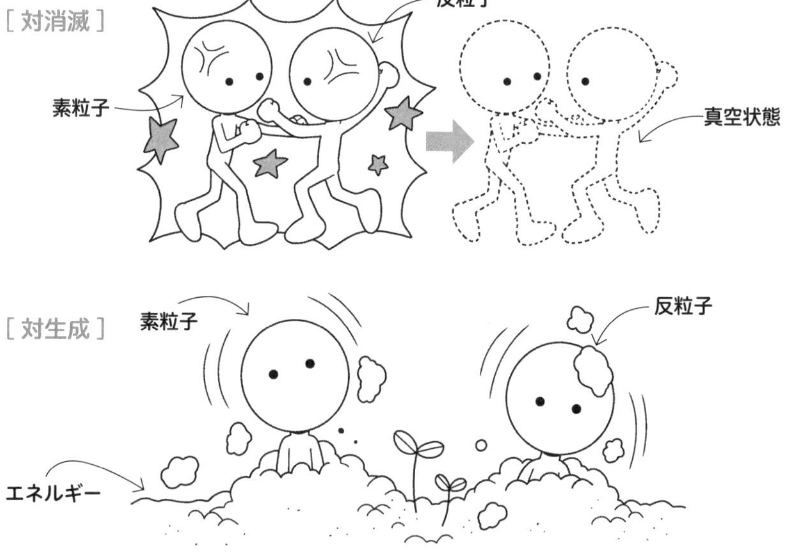

粒子には必ず反粒子が存在する。お互いの相互作用によって対消滅や対生成を起こす

FILE.
123

カイラリティ

提唱者	楊振寧、李政道など
提唱された年	1956年
関連する用語	素粒子、対掌性

カイラリティとは、ある現象とその鏡像が同じにはならないような性質を指します。たとえば、人間が鏡を見ると、もともとの形から左右が逆転します。鏡に映ったものは、実在のものと同じだと考えるのが一般的ですが、量子論では必ずしも同じになるとは限りません。この性質のことを**素粒子におけるカイラリティ**と呼び、日本語では対掌性ともいいます。この性質を最初に発見したのは中国の楊(ヤン)と李(リー)でした。この発見のことを**パリティ対称性の破れ**といいます。この現象は素粒子だけでなく、自然界においてカタツムリの貝が左巻きと右巻きで同一ではないことなどで見ることができます。

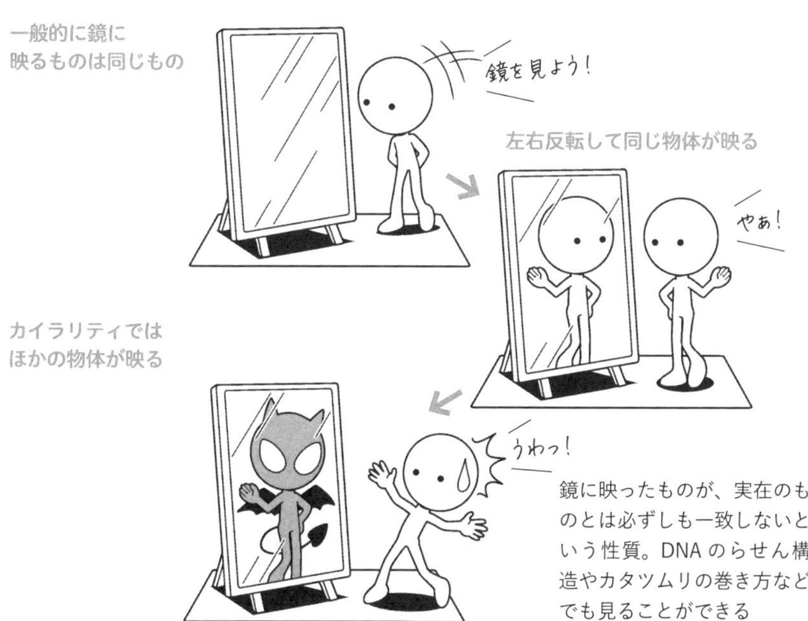

FILE. 124

自発的対称性の破れ

提唱者 = 南部陽一郎
提唱された年 = 1960〜61年
関連する用語 = 素粒子、カイラリティ

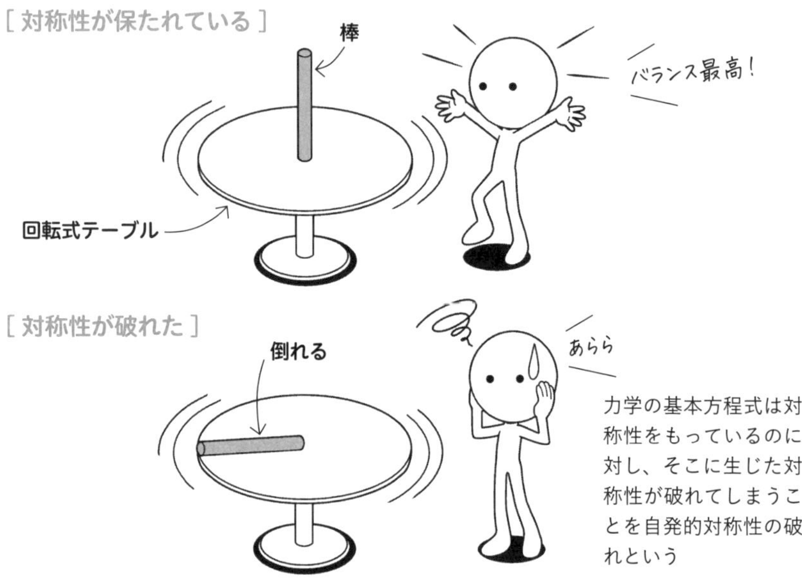

素粒子のカイラリティについて南部陽一郎が提唱したのが、**自発的対称性の破れ**です。この性質は、理論上では対称性をもっているのに、実際に実現するときには対称性が失われているようなことを指します。この性質によって、素粒子が本来もっている対称性を探ることができるようになりました。たとえば、回転する丸いテーブルに1本の棒を垂直に立ててあるとします。理論上ではテーブルの表面に重力がかかっており、力学的にはテーブルの回転には対称性が見られます。しかし、テーブルが回っているので棒は安定せずに倒れてしまいます。このときテーブルの回転における対称性が損なわれてしまい、自発的対称性の破れが生じます。

南部は、素粒子が反粒子と作用しあって対消滅した**真空状態でも「自発的対称性の破れ」が起こり得る**ことを証明しました。実は彼が提唱するまで、真空は絶対的に対称性を保つと考えられていたのです。しかし、この理論によって宇宙の解釈がより大きく発展しました。たとえば、インフレーション理論によって急激に膨張した宇宙空間では、それまで一様で平面的だった空間に揺らぎを生み出し、**空間の対称性が自発的に破れることで天体を形成していった**と考えられます。この自発的対称の破れを応用して考えていくと、アメリカのヒッグスが提唱したヒッグス粒子に至ります(→ P202)。

宇宙の起源を探る基礎となった南部理論

磁石や結晶など、自然界では対称性が「自発的に破れる」ことで起きる現象がたくさんあります。南部陽一郎はこの考え方を素粒子物理学で提唱し、特にエネルギーのとても小さい波が現れることを指摘。これを南部理論と呼びます。しかし、現状の南部理論では、温度や密度のある初期宇宙や身の回りの現象にそのままでは適用できず、例外があることもわかっています。現在、新型の加速器によって、南部理論を裏付けるような実験が行われています。

FILE.
125

電弱統一理論

提唱者	シェルドン・グラショウ、スティーヴン・ワインバーグ、アブドゥス・サラム
提唱された年	1972年
関連する用語	電磁気力、弱い力、自発的対称性の破れ

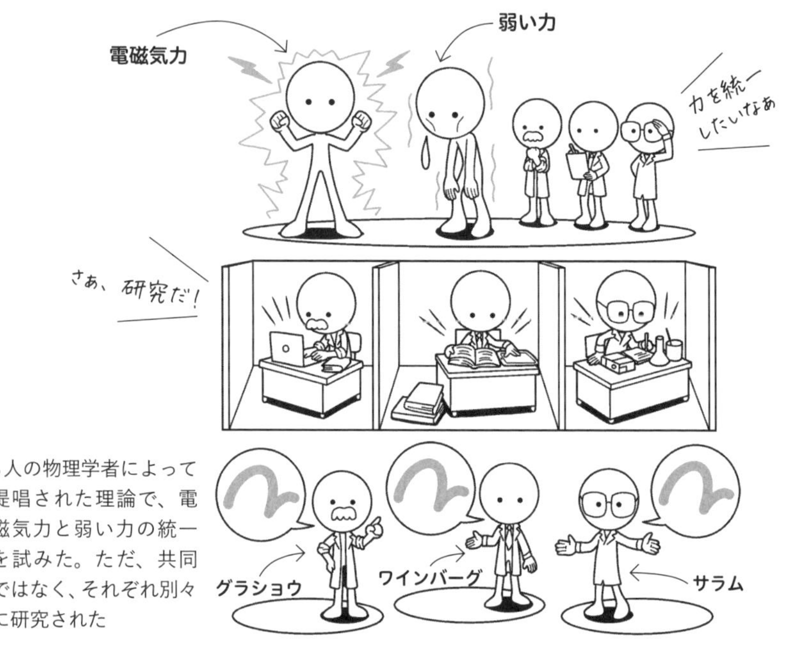

3人の物理学者によって提唱された理論で、電磁気力と弱い力の統一を試みた。ただ、共同ではなく、それぞれ別々に研究された

自然界に存在する4つの力（電磁気力、重力、弱い力、強い力）を統一しようとする理論のことを統一理論と呼びます。そのうちのひとつが電弱統一理論です。グラショウ、ワインバーグ、サラムの3人の研究者によって提唱されたので、グラショウ＝ワインバーグ＝サラム理論（GWS理論）ともいいます。この理論は、「自発的対称性の破れ」を用いて、おもに電磁気力と弱い力を統一しようと試みたものです。この理論では「**弱い力が電磁気力に比べて弱く、しかもすぐそばにしかはたらかないという性質は、力を伝える素粒子に質量があるから**」だということを提唱しました。

この電弱統一理論の基礎となっているのが、先述した自発的対称性の破れをもとにした南部理論です。南部理論の中では、対称性をもった粒子などにおいて、エネルギーが最低の状態(真空)にあるとき、その場には0でない値(真空期待値)をもち、対称性を破るとされています。このとき、南部理論では**質量が0になっている南部・ゴールドストーン粒子**が現れるとしていました。一方、GWS理論ではゼロでない真空期待値をもつ場を用いることで、質量をもつ粒子が現れることを予言しました。この理論は、のちに**ヒッグス粒子**(→ P202)の存在が明らかになったことで実証されました。現在、力の統一理論で完全に実証されているのは、この電弱統一理論だけだとされています。

素粒子の自発的対称性の破れを主張した南部理論をもとにして、電磁気力と弱い力の統一が図られた

力はもともとひとつだった!?

約138億年前に宇宙が誕生したときに力も誕生したと考えられていますが、もともとはひとつの力で、次第に枝分かれしていったのではないかと考えられています。まず最初に分かれたのが重力。次に強い力が分かれて、宇宙のインフレーションに至り、ビッグバンが起こりました。その後、インフレーションが落ち着いた段階で電磁気力と弱い力が誕生。現在、観測できるのはこの4つの力が存在する世界で、これを「標準モデル」ともいいます。現在は弱い力と電磁気力が誕生する以前の解明が進められています。

FILE.
126

超対称大統一理論

提唱者 ハワード・ジョージ
提唱された年 1981年
関連する用語 電弱統一理論

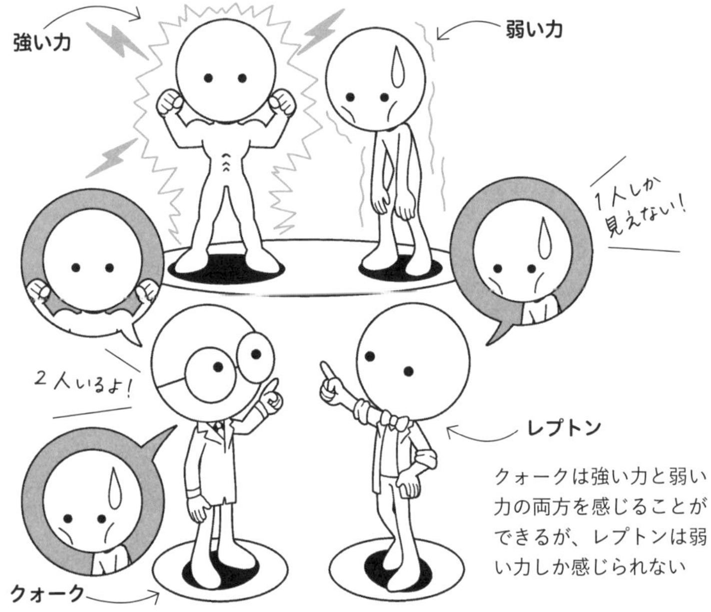

超対称大統一理論とは、**大統一理論**と**超対称性理論**が合体したものです。まず最初に生まれたのは大統一理論。これは**電弱統一理論の電磁気力と弱い力に、強い力を加えて力の統一理論**を形成しようと試みたものです。電磁気力と弱い力(＝電弱力)はクォーク、レプトンともに感じることができるのに対して、強い力はクォークのみしか感じることができません。本来クォークとレプトンは対称的な存在なので、このようなちがいが生じるのは不自然なのです。しかし、もし電磁気力と弱い力、強い力が統一されて同一の力と見なすことができれば、この不自然な事実が解消されます。

一方の超対称性理論とは、**それぞれの素粒子の対称性を検証しようとする理論**です。それまで力を考えるとき、クォークやレプトンといった物質をつくる素粒子の対称性ばかりが議論の中心となっていました。しかし、物質をつくる素粒子と、ウィークボソンやグルーオンといった力を伝える素粒子にも対称性があるはずだという仮説が登場。たとえば、素粒子はそれぞれスピンという固有の性質があり、決まった運動量(数)をもちます。クォークやレプトンは半整数(整数と1/2で表される整数)、ウィークボソンやグルーオンは整数です。そのため、対称性をもたせるためには、別の物質が必要になります。

超対称性理論では、すべての粒子に**超対称性粒子**(別の物質)が存在することを予言しています。この超対称性を計算すると、**電磁気力、弱い力、強い力が非常に高いエネルギーで等しくなって、力が統一される**と考えられているのです。この理論を証明するためには、超対称性粒子の存在を発見するしかありません。現在、LHCと呼ばれる加速器で高エネルギー衝突の実験が行われており、裏付けが行われています。この理論が立証されれば、力の相互作用が理解でき、素粒子のはたらきがより明確になるといわれています。

FILE.
127

コロイド粒子

提唱者 トーマス・グレアム
提唱された年 1861年
関連する用語 ブラウン運動、チンダル現象

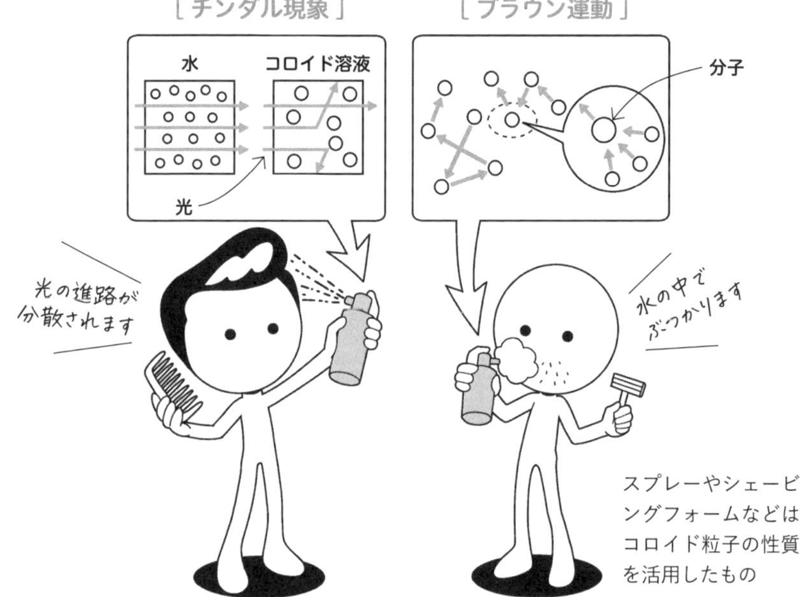

スプレーやシェービングフォームなどはコロイド粒子の性質を活用したもの

地上より水の中のほうが動きが遅くなることは、みなさんも実感していると思います。実は粒子にも似たような現象が起きます。水の中にあるデンプンやタンパク質などの粒子は拡散する速度が遅くなるのです。こうした粒子のことを**コロイド粒子**と呼びます。コロイド粒子は非常に小さな粒子で、非常に不規則な動きをしています。コロイド粒子は水の中の分子とぶつかり合う**ブラウン運動**をしているからです。また、コロイド粒子が溶けた液体（コロイド容液）に光を当てると、粒子によって光の進路がいろいろな方向に分散されて光の進路が明るくなります。これを**チンダル現象**と呼びます。

FILE. 128

エキゾチック原子

提唱者 不明
提唱された年 不明
関連する用語 電子、陽子、加速器

ある原子における陽子や中性子、電子をほかの粒子で置き換えたものです。たとえば、水素原子は陽子1個と電子1個でできていますがこの電子を反物質（質量やスピンが同じで、電荷などが逆の性質の物質）に置き換えるとエキゾチック原子になります。現在、最先端の加速器などを用いて、その性質の研究が進められています。

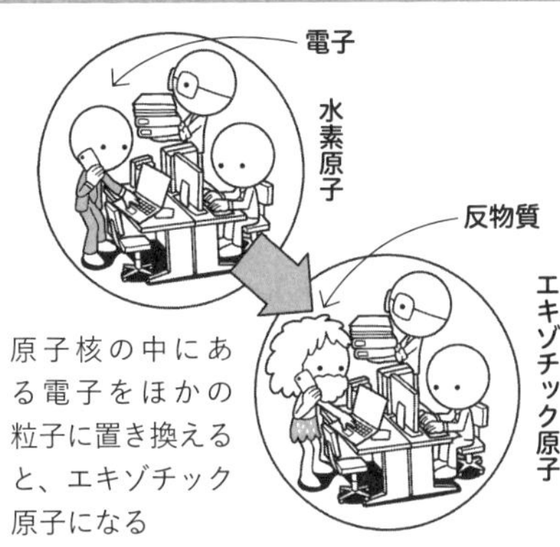

原子核の中にある電子をほかの粒子に置き換えると、エキゾチック原子になる

FILE. 129

オーマイゴッド粒子

提唱者 ダグウェイ性能試験場
提唱された年 1991年
関連する用語 電子、陽子、加速器

「驚くべき粒子」という意味で名づけられた粒子で、宇宙空間を飛び交う高エネルギーの放射線の一種です。非常にエネルギーが高く、光速に近い速度で運動します。光と競走しても22万光年で1センチしか差がつきません。この小さな粒子に時速100キロの野球ボールのエネルギーが秘められています。

その速度やエネルギーの高さゆえに、「オーマイゴッド」と言ってしまうような驚きをもたらした

FILE. 130

ボース・アインシュタイン凝縮

提唱者 アルベルト・アインシュタイン、サティエンドラ・ボース

提唱された年 1924年

関連する用語 ド・ブロイ波、マクスウェル・ボルツマン統計

当時無名だったボースの研究を、アインシュタインがさらに発展させて誕生した量子力学の礎となった理論

相対性理論を提唱したアインシュタインは、さまざまな学者から刺激を受けて自身の理論を発展させていきました。そのうちの1人が、インドのボースです。彼は、ボース粒子（光子やアルファ粒子）がもつ粒子性と波動性の2つの性質について研究を進めていました。1924年、ボースは自身の論文を論文誌に投稿しましたが、掲載を拒否されてしまいました。そこで、アインシュタインに宛て手紙を執筆。その論文に目を通したアインシュタインは大いに興味を抱きました。そして、1925年にボースの理論をさらに発展させて、アインシュタインが**ボース・アインシュタイン凝縮**という現象を予言したのです。

ボース・アインシュタイン凝縮という現象は、ボース粒子がある温度以下になると、物質のド・ブロイ波(→ P96)が伸長し、突然大量の粒子がそろって干渉し合って、巨大な波として振る舞うというものです。このような粒子性と波動性は、量子力学の基本ともいえます。粒子と波動の性質を知るためには、統計力学による計算が必要になります。統計力学というのは、多数の粒子の運動に確率論を適用して、その統計の分布を考えて、物理理論を生み出そうというもの。たとえば、気体は温度による法則に従っています。高温になれば相対的に高い運動エネルギーをもつ分子が増え、逆に低温では低い運動エネルギーをもつ粒子が増えていきます。この理論は、マクスウェル方程式(→ P74)を発展させた**マクスウェル・ボルツマン統計**に従います。

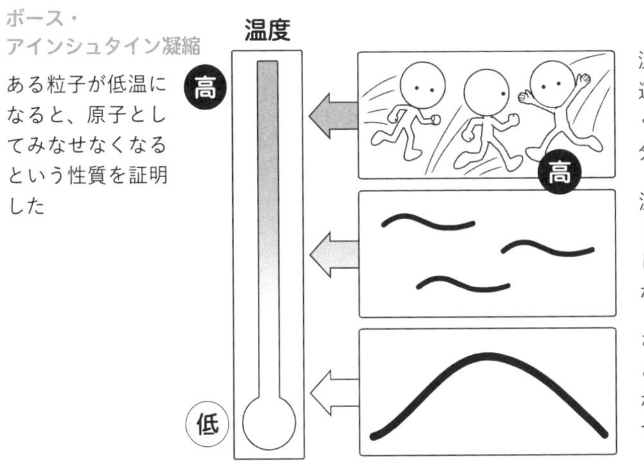

温度が十分に高いときは、分子それぞれを判別することができます。しかし、低温になってド・ブロイ波の波長が伸びていくと、個々の分子の物質波が重なるようになり、**それぞれ別々の分子とみなすことできなくなります**。これがボース・アインシュタイン凝縮です。ただ、アインシュタインが提唱した当時は、まだ実証実験を行える技術がありませんでした。時は進んで1995年、レーザー冷却法という当時の最先端技術を用いて、ボース・アインシュタイン凝縮が立証されました。

FILE.
131

チェレンコフ光

提唱者 パーヴェル・チェレンコフ
提唱された年 1934年
関連する用語 衛撃波、可視光線、原子力

ニュートリノなどの高エネルギーの粒子が水などの透明な物質を通過するときに、その粒子による衝撃波によって生じる**青白い可視光線**のことです。この現象そのものを表すときは**チェレンコフ放射**とも呼ばれます。チェレンコフ放射が起こる条件は、おもに電子が、その物質中における光の速度(真空中の光の速度をその物質の屈折率で割った値)より速いことです。チェレンコフ光は、原子力発電とも関連が深く、使用済み燃料の貯蔵プールやプール型原子炉の炉心など、非常に強い放射線を出す物質の周囲で見ることができます。また、ニュートリノ(→ P158)の観測でもチェレンコフ光が用いられます。

FILE. 132

コンプトン効果

提唱者 アーサー・コンプトン
提唱された年 1922年
関連する用語 X線、電子、光子

波長が非常に短い放射線のX線（→ P110）などが電子に衝突すると、電子にエネルギーを与えて、もともとX線がもっていた波長が長くなります。これを**コンプトン効果**といいます。また、電子にぶつかった放射線は異なる方向に散乱するので、コンプトン散乱とも呼ばれます。放射線などに高エネルギーの電子が衝突する逆パターンもあり、これは**逆コンプトン効果**といいます。逆コンプトン効果は宇宙で常に生じています。星からの光が高エネルギーに加速された電子と衝突して、エネルギーを受け取った光子はエネルギーのより高い状態であるX線になると考えられています。

コンプトン効果は、宇宙で生じるX線などの放射線を生み出す現象に関連している

FILE.
133

微細構造定数

提唱者	アルノルト・ゾンマーフェルト
提唱された年	1916年
関連する用語	物理定数

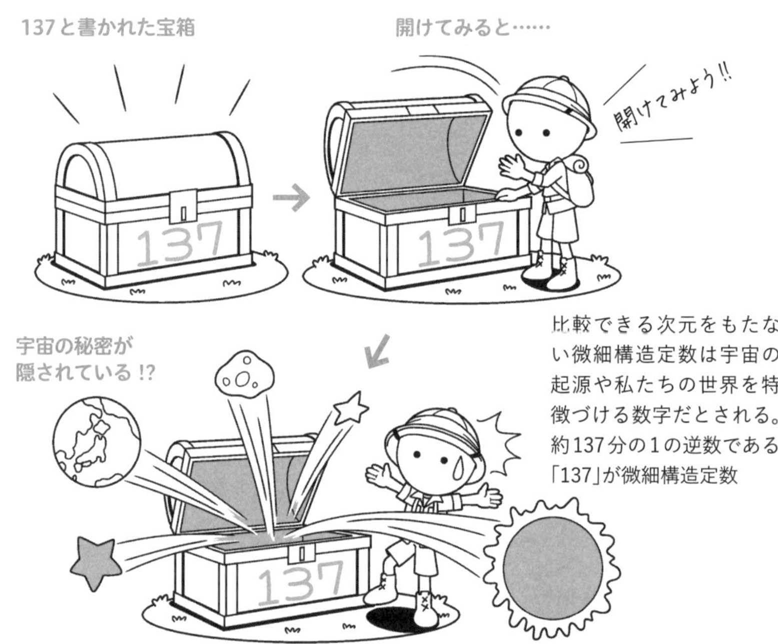

物理の世界では、ある現象や性質を示すものとして物理定数が用いられます。たとえば光速は「2.99792458 × 10^8」という定数で表されます。こうした定数の中でも謎が多いのが微細構造定数です。これは素粒子の相互作用を表す定数で、光や電磁気の影響を示すときに用いられます。その数は137分の1。この逆数である137という数字は、割ることのできない素数であり、「**原子の存在から宇宙の構造までを司る、何か特別な意味が隠されている**」と、その謎の解明に没頭した科学者もいました。

FILE.
134

魔法数

提唱者 マリア・ゲッパート＝メイヤー、ヨハネス・ハンス・イェンゼン
提唱された年 1949年
関連する用語 原子核、陽子、中性子

魔法数とは**原子核が特に安定する陽子と中性子の個数のこと**を指し、陽子数や中性子数が魔法数になっている原子核の種類のことを**魔法核**ともいいます。原子核が安定していると、崩壊や核分裂が起きにくくなるとされており、原子番号が「2・8・20・28・50・82・126」が現在発見されている魔法数です。これにあたる元素はヘリウムや酸素、ニッケルなどがあります。日本の理化学研究所では、長期的に魔法数の研究がされており、2019年にはニッケル原子核において陽子数、中性子数がともに魔法数となる証拠を発見しました。

COLUMN

世界中の単位を決める国際単位系

物理学の世界で大切になるのが単位です。単位が定まっていないと計算できないので、ある程度の基準を設けなくてはなりません。では、1キログラムといわれて「その基準は何か？」と問われたらどう答えるでしょうか。実は一般的に用いられている単位の多くは、国際的な会議で決められています。これは国際単位系(SI単位)とも呼ばれ、いわゆるメートル法として、日本では古くから定着しています。

19世紀末にフランスで生まれたメートル法が起源

国際単位系は物体の長さや重さ、速さなどを計量する際に扱う単位を世界的に統一した基準です。その源泉となっているのが18世紀末にフランスでつくられたメートル法。実はそれまで単位を表す量は、国や地方、さらには職種や時代によってもバラバラでした。

一方、ヨーロッパで産業革命が起こることで、国際的な貿易が活発化。国ごとで計量の単位が異なると、さまざまな弊害が生じました。想像すればすぐにわかることですが、単位が統一されていないので、取引をするにしても相手側の単位を理解しなくては、売買契約すらままなりません。そこでフランスの物理学者たちを筆頭に、ヨーロッパでメートル法の導入を決める条約が締結されました。日本も1885年には条約加入を決定。以来、日本では国際単位系に沿った単位が用いられています。

現在の基準は物理学的な計算が用いられる

では、具体的にどのようにして長さなどの単位を決めたのでしょうか。実は原器と呼ばれる、はかりのようなものを用いました。たとえば､「kg（キログラム）」は、1889年に世界にひとつしかない国際キログラム原器という分銅がつくられ、これが基準となりました。なお、国際キログラム原器は、高さ約39ミリ、直径約39ミリの円筒型の分銅で、白金とイリジウムの合金でつくられています。当時はこの分銅のコピーをつくり、条約に参加した国々に配布するという形式を用いていました。

しかし、時代が進むにつれて、さまざまな単位の統一が必要になり、その都度改定が求められるようになってきました。たびたび単位が改定されていき、2019年には以下の表のような7つの基準と定義が定められました。今では原器を用いるのではなく、物理学的な計算を用いられるようになっています。一方で、このメートル法を用いていない大国があります。それがアメリカです。いまだにヤードやポンドなど独自の基準を用いています。ときどきメートル法との誤差によって、大きな損失を被ったりもしていますが、いっこうに変えようとしません。その理由は明らかにされていませんが、どうもアメリカが基準をつくりたいという意地だとも指摘されています。

基準となる7つの単位

物象の状態の量	計量単位	定義
長さ	m（メートル）	1秒の299,792,458分の1の時間に光が真空中を伝わる行程の長さ
質量	kg（キログラム）	プランク定数hを正確に6.626 070 15 × 10^{-34}Jsと定めることによって設定される。
時間	s（秒）	セシウム133の原子の基底状態の2つの超微細構造準位の間の遷移に対応する放射の周期の9,192,631,770倍の継続時間
電流	A（アンペア）	電気素量eを正確に1.602 176 634 × 10^{-19}Cと定めることによって設定される。
湿度	K（ケルビン）	ボルツマン定数kを正確に1.380 649 × 10^{-23}J/Kと定めることによって設定される。
物質量	mol（モル）	1モルは正確に6.022 140 76 × 10^{23}の要素粒子を含む。
光度	cd（カンデラ）	周波数540テラヘルツの単色放射を放出し、所定の方向におけるその放射強度が1/683ワット毎ステラジアンである光源の、その方向における光度

第2章

こんなのアリ!? 本当にある不思議な理論

INTRODUCTION

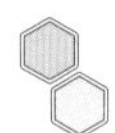

エンタメでも活躍する現代物理学

前章では量子力学を中心とした現代物理学の理論を紹介してきました。しかし、現代物理学には量子力学のほかにも興味深い理論が多数あり、エンタメの世界でもたびたび登場します。

たとえば、東野圭吾原作の『ラプラスの魔女』は、18世紀にフランスのラプラスが提唱した「あらゆる物理現象を司る悪魔（**ラプラスの悪魔**）」などからインスピレーションを得ていると考えられます。現代物理学は、理論的でありながらミステリアスな要素を含んでいるため、エンターテインメントと相性がいいのかもしれません。

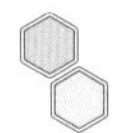

相対性理論や量子力学と並ぶカオス理論

量子力学以外にも、物理学には不思議な理論が数多く存在しています。そのひとつが**カオス理論**（→ P190）。この理論は何かひとつの現象が、その後の現象に大きな変化をもたらすということを説いたもので、相対性理論や量子力学と並ぶ大発見だといわれています。「風が吹けば桶屋が儲かる」という日本古来のことわざがありますが、これも一種のカオス理論といえるでしょう。

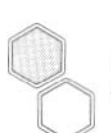

不思議な世界の解釈を進めた偉大な科学者

一方、こうした不思議な理論の源泉には、やはり量子論が欠かせません。なかでも、あらゆる物理現象が確率的に起こるという理論的解釈は革命的だったと言わざるを得ません。こうした理論を物理的にひもとこうとしたのがドイツのヴェルナー・ハイゼンベルクです。彼は**不確定性原理**(→ P184)と呼ばれる数式を提唱。今でも量子を解釈するうえでの基本的な原理として広く受け入れられています。また、オーストリアのエルヴィン・シュレーディンガーは、粒子がもつ波の性質に注目してシュレーディンガー方程式(→ P180)を編み出しました。この方程式によって**波動関数**という概念が導入され、量子の世界を解釈する礎となりました。

現代物理学に「絶対」はありえない

かつては、悪魔のようなものにすべての原因と結果を支配されているという理論もありましたが、**現代物理学において、「絶対的なもの」は存在しません**。私たちが当たり前に「自分がここに存在している」という認識さえ、決して真実ではないのです。

たとえば、世界5分前仮説(→ P194)は、人間が偽造された記憶を5分前に植え付けられたと仮定するものです。誰しもが否定しそうな話ですが、確率的な現代物理学では完全に否定できないのです。

POINT

- 現代物理学には不思議な理論がいっぱいある！
- 相対性理論や量子論と並ぶカオス理論
- あらゆる物事は確率的に起こると考える

FILE.
135

シュレーディンガー方程式

提唱者 = エルヴィン・シュレーディンガー
提唱された年 = 1926年
関連する用語 = 波動、ド・ブロイ波、量子

ミクロの世界を表す量子力学の基礎とも呼べるのがシュレーディンガー方程式です。オーストリアのシュレーディンガーは、ド・ブロイ波に注目し、粒子がどのようにして波のように振る舞うのか方程式を導き出しました。粒子というのは、あまりに小さいので、一般的な顕微鏡を使っても観測することができません。そこで、シュレーディンガーは頭の中で実験をして、方程式を編み出しました。この方程式でわかったのは、「**エネルギーは不連続でとびとびになる**」こと。これは量子力学の最も根本的な考え方となりました。

シュレーディンガー方程式から導き出される関数は「波動関数」とも呼ばれる。素粒子がもつ波のような振る舞いの性質を表している

かつては電子をはじめとした粒子は一定の軌道をもった運動をしていると考えられていましたが、シュレーディンガー方程式によって、**ミクロな世界での物理現象は確率的**であることがわかったのです。たとえば、当たりくじが1枚、外れくじが9枚入った箱があるとしましょう。10人がそれぞれくじを引いて、外れくじだったら必ず箱に戻します。そのとき、10人が何度引いても当たりくじが出ないこともあるし、1人目が1発で当ててしまうこともあります。このように、ミクロの世界では、何かが起こったり、どんな状態であるかは「**確定的**」ではなく、何かが起こるかもしれないし、起こらないかもしれないという「**確率的**」だと考えるのです。

量子力学では、あらゆる現象は確率的に起こると考えるため、ニュートンの古典力学では説明できない

シュレーディンガーの猫

シュレーディンガーの有名な思考実験に「シュレーディンガーの猫」があります。密閉された箱の中に1匹の猫が閉じ込められていて、放射性物質で起動する殺猫装置もいっしょに入っているとしましょう。放射性物質は1時間に50%の確率で放射線を発しますが、その放射線によって装置が起動すると猫は即座に死んでしまいます。では、1時間後に猫は死んでいるでしょうか。普通に考えれば1時間後に猫は生きているか死んでいるかのどちらかに「確定」しているはずですが、シュレーディンガーは人間が観測するまで猫の生死は確定せず、生きた状態と死んだ状態が重なり合っているとしました。この実験によって、観測するまで物事の状態は確定しないという量子論の不完全さを指摘したとされています。

FILE.
136

決定論

提唱者 = ジョン・スチュワート・ベル、ヘーラルト・トホーフトなど
提唱された年 = 20世紀〜現在
関連する用語 = 量子、自由意志、超決定論

決定論とは、**人間の意志や行動など、普段は自由に決定していると考えられるものが、実は何らかの力によって決められているという考え方**のことです。たとえば、身の回りで何か悪いことが続けて起こると「天罰かもしれない」などと考えることがあります。これもひとつの決定論です。この決定論を否定するもののひとつに自由意志があります。自由意志とは、人間が何をするのか、それぞれが自身の意志によって行動を決定すること。たとえば、信号が青になったとき、同時に宇宙で超新星爆発が起きていても、渡るか渡らないかは自身で決定します。つまり、決定論はあたかも否定されたように考えられます。

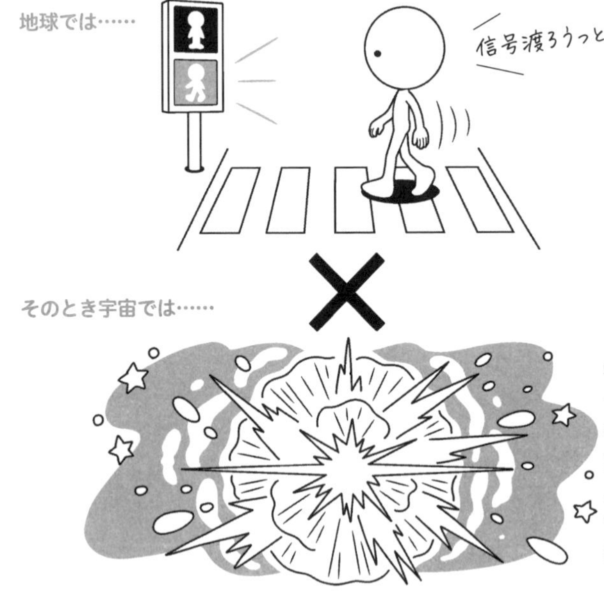

宇宙で大爆発が起きていたとしても、信号を渡るか渡らないかは自由な意志によって決めているので、決定論には否定的な意見が多い

一方で、いまだに根強く残されているのが**超決定論**と呼ばれる主張です。これは、私たちの自由意志さえも決めてしまう要因があるとするものです。この理論では、観測者が観測できない「隠れた変数」があると考えます。実は、かのアインシュタインも量子力学的な確率論に懐疑的で、亡くなるまで納得していなかったといいます。ほかにもド・ブロイ波を発見したド・ブロイも実は隠れた変数論者でした。近年は、オランダのトホーフトという有名な物理学者が超決定論に好意的な意見を示しています。ほかにも、現実世界そのものがゲームのような仮想空間ではないかという主張もありますが、**私たちの意志や行動が何かに決められているということを完全に否定できないのも事実**です。

アインシュタインは超決定論をすべて信じたわけではないが、隠れた変数があることは信じていた

人間の心理も量子力学で説明できる!?

近年、心理学や行動経済学の分野で、量子力学の考え方を用いて人間の意思決定を考えるという「量子意思決定論」の研究が進められています。これは、一見すると合理的とは思えない判断をしてしまう原因を追究するものです。たとえば、天気が悪い場合(A)と天気がいい場合(B)で、登山しようとしていた人々が決行を決める確率を、(A)では60%、(B)では80%だったとしましょう。普通に考えれば天気の状況がわからない場合、登山決行の確率は間をとって70%になるのが合理的ですが、実際にアンケートをとると40%になってしまうことがあります。こうした例から人間は不確定な事柄に直面すると、必ずしも単純な平均といった合理的な判断にはならないことは明らかで、この意思決定における確率論を量子力学的に解明しようと試みているのです。

FILE.
137

不確定性原理

提唱者 ヴェルナー・ハイゼンベルク、小澤正直
提唱された年 1927年
関連する用語 ド・ブロイ波、電子、シュレーディンガー方程式

ドイツのハイゼンベルクは、シュレーディンガーとともに量子力学の基礎を築いた人物です。彼もまたド・ブロイ波に着目し、行列力学というものを編み出しました。ここでいう行列とは、人気店にできるものではなく、数学的な意味合いで用いられています。ハイゼンベルクは、目で見えない電子の動きを観測できる物理量だけで理論の枠組みをつくろうとしました。電子がどのような動きによって、特定の光を吸収したり放出しているのかをひもとこうとしたのです。そこでニュートンの古典力学の常識が通用しないことに気づき、数学の行列という計算方法を用いて、電子のはたらきを説明しました。

影絵を見て……

光と電子の動きに
疑問を抱いた

ハイゼンベルクは、電子の動きを行列という数学的なアプローチで解明した

では、ハイゼンベルクはどのように粒子を考えたのでしょうか。粒子に光(ガンマ線)を当て、跳ね返った光を顕微鏡で見ることによって粒子の位置と運動量を測定するケースを考えたのです。こうして考えたとき、粒子は**位置が定まっている状態では運動量が定まらず、逆に運動量が決まった状態では位置が定まらない**ことに気づきました。これを不確定性原理と呼びます。古典力学では、「粒子の状態は位置と速度を同時に指定することによって決められる」としていましたが、ハイゼンベルクの理論では、位置と速度が決められた状態は許されないのです。とはいえ、古典力学が今でも用いられるのは、日常生活で扱うような重くて大きい物体なら、問題なく説明できるからです。

ハイゼンベルクの不確定性原理の式には問題点もあったが、2003年に日本人の小澤が新たな改善を加えた

ただ、ハイゼンベルクの不確定性原理には、測定の誤差など厳密には原理と呼ぶには不完全な一面がありました。この不完全性を改善したのが、日本の小澤正直です。彼は2003年にハイゼンベルクが編み出した式に**標準偏差**という考え方を加えて、ハイゼンベルクの理論をより一般的に用いることができるようにしたのです。実際に中性子を用いた検証実験が行われ、小澤が編み出した式が正しいことを裏付けしています。まだ厳密に原理として認められるかは検証が必要な段階ですが、将来的に「正しい」と認められるようになった場合、「ハイゼンベルク=小澤理論」なんていう名前になるかもしれません。

FILE.
138

コペンハーゲン解釈

提唱者 ＝ヴェルナー・ハイゼンベルク、ニールス・ボーア
提唱された年 ＝1955年
関連する用語 ＝シュレーディンガー方程式、不確定性原理

シュレーディンガー方程式によれば、粒子は確率で存在しているので、原子の中で電子がどこに存在しているのか確定できません。しかし、電子顕微鏡を使えば、原子を見つけることができます。つまり、観測する前までは電子がどこにいるのかを特定することはできませんが、観測をした瞬間には電子の位置が特定できるのです。これが**コペンハーゲン解釈**の基本的な考え方です。また、観測前に無数に広がっていた電子が、観測したとたんに位置を特定できる現象は、**波動関数の収縮**とも呼ばれています。

FILE. 139

多世界解釈

提唱者 = ヒュー・エヴェレット
提唱された年 = 1957年
関連する用語 = コペンハーゲン解釈

多世界解釈とは、いわゆるパラレルワールドの概念に似た量子力学的な解釈を指します。コペンハーゲン解釈では、電子を観測した途端に電子が波動関数の収縮を起こすために観測できるとしていました。しかし、エヴェレットは大胆にも**人間にも波動関数を適用すべき**だと提唱しました。つまり、ある人間が電子を観測すると、人間はA地点で観測した人間A、B地点で観測した人間B……というように分かれると考えたのです。この解釈で考えれば、私たちが実在している世界も、観測前は無数に存在しているということになるのです。

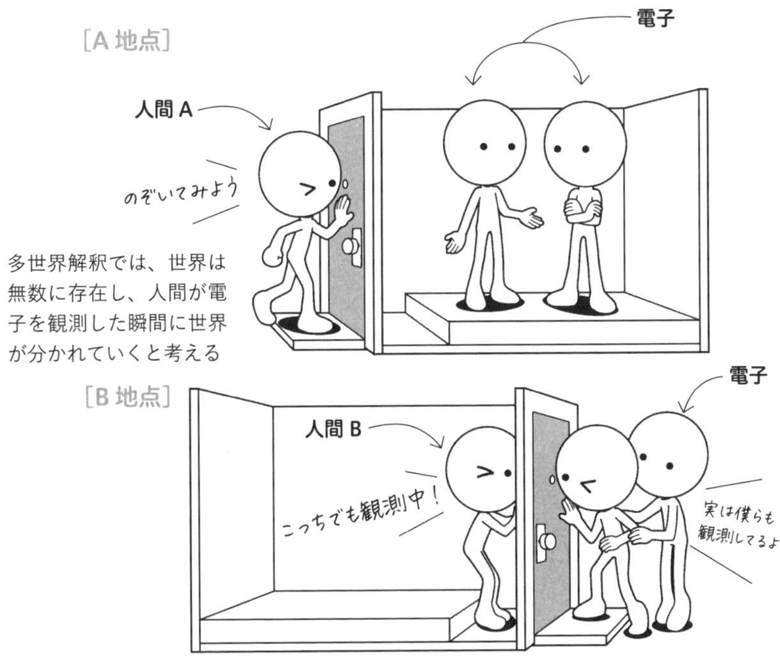

多世界解釈では、世界は無数に存在し、人間が電子を観測した瞬間に世界が分かれていくと考える

COLUMN

現代物理学を築いた不可思議な思考実験

思考実験とは、読んで字のごとく、頭の中だけで実験をすることです。哲学の分野で語られることもありますが、物理学においては思考実験によって発見された法則が、発展の礎となりました。特に相対性理論や量子力学の世界では、先人たちの思考実験による結果を実際に検証することで、後世になって実験が証明されることがあります。

哲学の思考実験は答えが出ない!

哲学の分野で有名な思考実験が「トロッコ問題」です。この実験は以下のような問いを考えることを目的としています。

暴走するトロッコがあったとしましょう。線路の先には複数の作業員がいますが、避難は間に合いそうにありません。しかし、あなたはトロッコの進路を切り替えるスイッチを見つけました。スイッチを押せば、トロッコの線路が替わり、多くの作業員は助かります。ただし、スイッチで切り替えた先には1人の作業員がいます。複数の作業員が助かる代わりに、1人の作業員を犠牲にするか否かという命題です。

この思考実験は、個人の倫理観や価値観に基づいて考えられるため、明確な答えはありません。近年は道徳の授業などでも、こうした思考実験が取り入れられているそうです。つまり、哲学における思考実験は考えることにこそ大きな意味があるといえます。

アインシュタインも思考実験を重ね続けた

一方、物理学における思考実験は少々意味合いが異なります。たとえば、これまで紹介してきた相対性理論における双子のパラドックス(→ P104)やシュレーディンガーの猫(→ P181)も思考実験のひとつ。いずれも答えの出ない思考実験という意味合いでは、哲学のものとも似ていますが、物理学の場合は、後世の研究者が実験や観測などを用いて、これらの理論の検証や裏付けを行います。特にアインシュタインの相対性理論は、ほぼ彼の頭の中だけで考えられたもの。その思考実験を証明するために、方程式などを用いて説明しているのです。

150年でついに解決!? マクスウェルの悪魔とは

物理学の思考実験において、一定の結論が出たものがあります。それは1867年に提唱された「マクスウェルの悪魔」と呼ばれるもの。これは「低温物体から高温物体に熱を移すには、それ以外に何の変化も残さずにすることは不可能である」というクラウジウスの原理と、「ひとつの熱源から吸収した熱をすべて仕事に変えるには、それ以外に何の変化も残さずにすることは不可能である」というトムソンの原理を示す熱力学第2法則を破ろうと試みた思考実験です。ジェームズ・クラーク・マクスウェルは、気体の入った容器の左右の部分に温度差を生み出し、右を熱く、左を冷たくするために、容器の真ん中に左右を仕切る扉と、それを開閉して速い分子を右に、遅い分子を左に分けることができる悪魔の存在を考えたのです。

一見すると、トンデモ理論ではありますが、現代物理学において実現は不可能ではないと主張する研究者もおり、大真面目に論争が繰り広げられました。解決の日が来たのは、なんと2010年。日本の物理学者が世界で初の「マクスウェルの悪魔」再現装置による実験で、悪魔の存在は否定されました。ただ、この論争は今もなお続けられています。

FILE.
140

カオス理論

提唱者	アンリ・ポアンカレ、ファン・デル・ポールなど
提唱された年	19世紀〜現在
関連する用語	量子力学、相対性理論

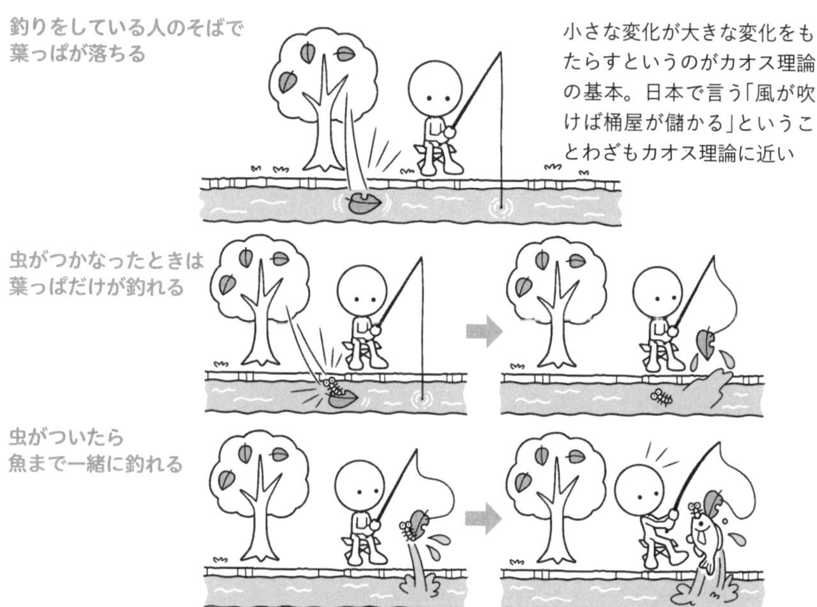

日本語で「**無秩序**」や「**混沌**」を意味するのがカオスですが、カオス理論は相対性理論や量子力学と並ぶ大発見といわれています。この理論は何かひとつの現象が、その後の現象に大きな変化をもたらすというもの。たとえば、意思をもたない木の葉が川に落ちたとします。このあと、木の葉がどうなるのか予測するのが難しいのは当然です。魚がはねれば水面の動きに左右されますし、途中で石にぶつかって進路が変わるかもしれません。これは、**木の葉の位置が少し変わっただけで、大きく進路が変わる**ことを意味しています。このように**小さな変化が大きな変化をもたらす**ことを表したのがカオス理論なのです。

FILE. 141

エントロピー増大の法則

提唱者 ＝ルドルフ・クラウジウス
提唱された年 ＝1865年
関連する用語 ＝熱力学第1法則、熱力学第2法則

エントロピーは、もともと熱力学で用いられた概念で、簡単にいうと「無秩序な状態の度合い」を表します。エントロピーは無秩序なほど高くなり、秩序があればあるほど低くなります。エントロピー増大の法則とは、物事は放っておくと無秩序・乱雑さが高まっていくという意味です。たとえば、ホットコーヒーは放っておけば常温に戻り、勝手に熱湯に戻ることはありません。こうした変化のことを比喩的に「時間の矢」と呼びます。しかし、量子力学では時間的にさかのぼることもできます。つまり、コーヒーが勝手に熱湯に戻ることも考えられるとして、近年はこの研究が各国で進められています。

エントロピー増大の法則では、決して元に戻ることのなかったコーヒーの温度も、量子力学的解釈で元に戻る可能性がないか研究が進められている

FILE. 142

ラプラスの悪魔

提唱者 ＝ピエール＝シモン・ラプラス
提唱された年 ＝1799年～1825年
関連する用語 ＝量子力学、カオス理論

フランスのラプラスが提唱した理論です。ある時点においてあらゆる**力学的・物理的な状態を完全に把握・解析する能力を持つ悪魔**の存在について言及したことで、ラプラスの悪魔と呼ばれます。この悪魔は未来や宇宙の全運動も、すべて知っているとしました。なぜこのような考え方が誕生したかといえば、当時のニュートン力学によってあらゆる自然現象を説明できると考えられていたからです。ラプラスは、ニュートン力学のようにあらゆる物事に原因と結果があるのなら、**現在の出来事にもとづいて未来の結果も決まっている**と主張しました。これは決定論(→ P182)の代表例として知られています。

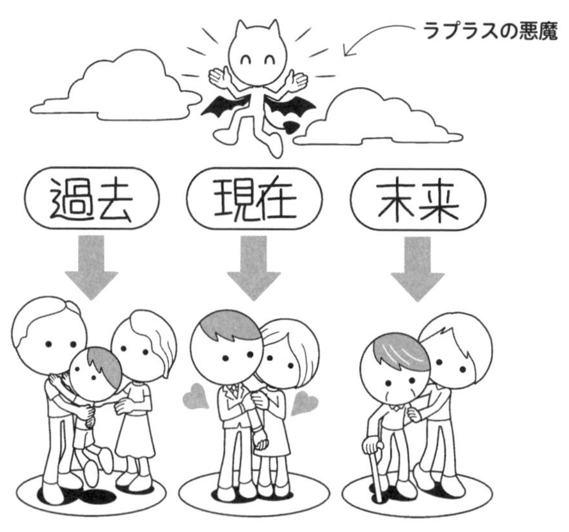

FILE. 143

バタフライ効果

提唱者	エドワード・ローレンツ
提唱された年	1972年
関連する用語	カオス理論

［ブラジル］

蝶の羽ばたきのような小さな気象の乱れが別の地点では大きな影響を与えるかもしれない……

［アメリカ］

気象学者のローレンツは、力学的理論を用いて大気で起こるカオスな現象を説明。簡単にいってしまえば、**ごく小さな気象の乱れでも、別の地点の気候に大きく影響を与えるかもしれないという理論**です。1972年にローレンツが行った講演のタイトル「予測可能性 - ブラジルでの蝶の羽ばたきはテキサスでトルネードを引き起こすか」からバタフライ効果と呼ばれています。この講演では方程式というのは確定的な回答を与えるが、一方で出てくる解が不確定的になる可能性を指摘しています。これは、カオス理論を現実世界に適用して考えられたもので、さまざまな映画やアニメで活用されています。

FILE.
144

世界5分前仮説

提唱者	バートランド・ラッセル
提唱された年	1921年
関連する用語	決定論

イギリスのラッセルは「世界が5分前にできたという論理に対する反論はできない」と主張しました。これが**世界5分前仮説**です。ただ、私たちは5分以上前のことも覚えているので、明らかに否定できそうですが、彼は「**偽の記憶を植えつけられた状態で、5分前に世界が始まったのかもしれない**」と主張しました。これは過去というものが、そもそも存在するかどうかすらわからないということを提起しており、「**違う時刻に起きた2つの現象の間に、ある種の関係がなければならない**」という決定論を否定するものともいえます。

世界が5分前にできたかもしれないということを否定することはできない。とんでもない理論だが、論理的に否定できないのも事実

COLUMN

物理学で今なお続く！神はサイコロを振るか問題

アインシュタインは、生前「神はサイコロを振らない」という名言を残しました。これはアインシュタインが量子論で展開される確率論的解釈を否定したものです。アインシュタインは、まだ発見されてない未知の変数があって、その影響で確率論的な結果が導き出されているとして、かたくなに量子論を認めなかったため、この名言が生まれました。

量子論を真っ向から否定したアインシュタイン

古典物理学の世界では、まったく同じ条件下で、まったく同じ実験をした場合、答えは必ず一緒にならなければなりません。しかし、20世紀に入って、物理学者がさまざまな実験をしたところ、答えが同じにならない現象があることに気づいたのです。ここで、デンマークのニールス・ボーアを中心に実験の結果は100%予測できない代わりに、「X%でAという結果になる」という確率論に行き着きました。この理論を用いると、今目の前にある物体は観測しているから存在しているのであって、観測したときに初めて存在するかどうか確率的に決定するということになります。

これに強く反対したのがアインシュタイン。「神はサイコロを振らない」といって、確率論解釈を真っ向から否定し、未知の確定的な何かの影響があると信じていました。しかし、現代物理学ではボーアらの量子論が優勢。私たちの常識からすれば、アインシュタインのほうが合っているような気がしますが……。

第3章

ここまで解明！宇宙の神秘

INTRODUCTION

宇宙を知るカギは素粒子と重力

物理学のはじまりでもあり、最終的な目標が宇宙の解明です。ニュートンが万有引力を発見して以来、人類にとって宇宙は最大の謎として残されています。

宇宙の解明において、カギを握るとされているのが**素粒子**と**重力**です。素粒子はあまりにミクロであるため、その全体像は明らかになっていません。一方、重力についてもその力が発生する源泉はわかっておらず、そのメカニズムは謎に包まれています。

素粒子は１本のひもだった!?

近年、多くの物理学者が魅了され、世界各地で研究されているのが**超ひも理論**(→ P198)です。簡単にいうと素粒子がひものような状態になっていると考える理論です。この理論に基づくと、素粒子は1本のひもで、異なる種類に見えているのは、その振る舞いのちがいにすぎないとされています。裏付ける証拠とも呼べる研究も発表されており、超ひも理論は物理学者の間で人気を博しています。

一方、宇宙には見えない変数が隠れているとして、アインシュタインが唱えた**宇宙定数**(→ P205)を復活させる動きも起きています。

素粒子を変容させるヒッグス粒子

この世界のすべては素粒子でできていると考えれば、素粒子の謎を解明することが宇宙を解明するヒントになります。なかでも、ずっと謎だとされていたのが**素粒子の質量**の問題でした。素粒子のなかには光子のように質量をもたないものと、ウィークボソンのように質量をもつものがあります。その答えとなったのはイギリスのヒッグスが提唱した**ヒッグス粒子**(→ P202)です。長らくその存在の確認が進められ、2012年についに発見に至りました。ヒッグス粒子が実在することがわかり、宇宙がどのように成り立ってきたのか**解明が進められています**。

待ち望まれる素粒子と重力の理論的融合

アインシュタインによる相対性理論において、近年まで最大の謎とされていたのが重力波です。長らく観測に向けた研究が進められ、ついに2015年にその存在が確認されました。この発見により、宇宙誕生の初期の情報や、重力場での物理現象の観察など、宇宙の謎を解明するヒントになると考えられています。

このように宇宙の解明には素粒子と重力の謎をひもとく必要がありますが、それぞれ理論的に矛盾することも多く、その論理的な解決が求められています。

POINT

- 宇宙誕生や仕組みの解明には素粒子と重力が不可欠
- 素粒子の謎に迫る超ひも理論とヒッグス粒子
- 重力波の発見で、重力のメカニズム解明が進む

FILE. 145

超ひも理論

提唱者	南部陽一郎など
提唱された年	1960年代
関連する用語	量子重力理論

量子論のなかでも、現在盛んに研究されているのが超ひも理論です。この理論では素粒子を点ではなく、1本のひものように考えます。これまで素粒子にはさまざまな種類があると述べてきましたが、超ひも理論に基づけば、**1種類しかない**ことになります。一方、これまでの実証や観測によって、それぞれの素粒子にはさまざまな性質があることがわかっていますが、これも超ひも理論では、1種類のひもの振動のちがいなどによって、**ちがう種類の素粒子に見えているだけ**だと考えます。このひもは観測できないほど小さいとされていますが、その証拠となるものはまだ見つかっていません。

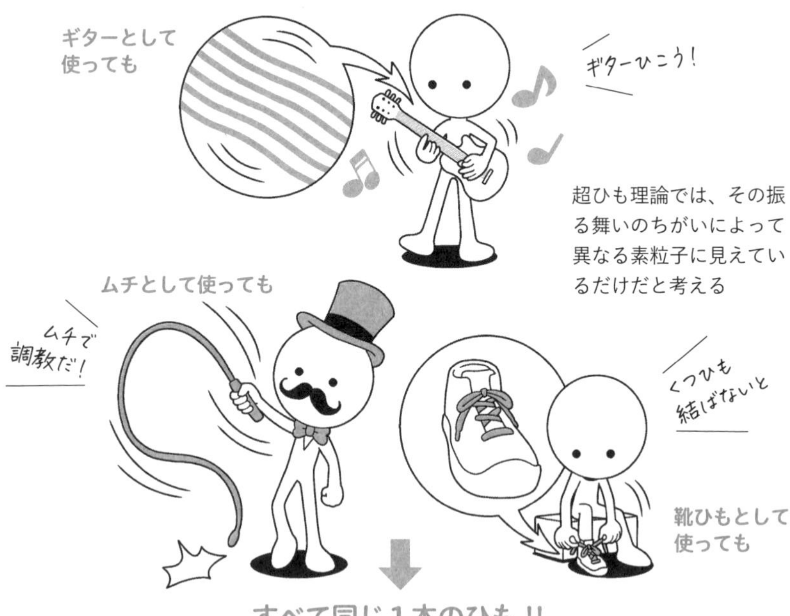

超ひも理論が成立するためには、最低でも9次元以上の時空が必要だとされています。ここで改めて次元についておさらいしておきましょう。直線は1次元、平面は2次元、空間の広がりを表すときは3次元です。私たちが普段暮らしている世界は3次元で見えていると考えて問題ありません。相対性理論では、これに時間を加えて4次元で考えます。一方、超ひも理論では、私たちが認識できる3次元に、6次元を加えた9次元があると考えます。では、3次元以外の空間はどこにいってしまったのでしょうか。答えは私たちが感じることができないほどに小さくなっているのです。これを超ひも理論では「**コンパクト化**」と呼びます。また、こうして隠れてしまっている4次元以外の次元のことは「**余剰次元**」ともいいます。

［ 9次元のイメージ ］

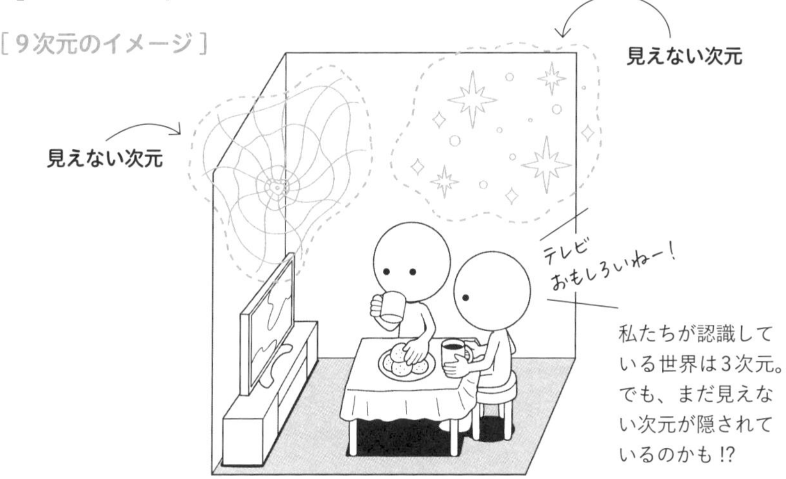

超ひも理論は、宇宙のはじまりを説明する理論として大きな期待を背負っています。宇宙のはじまりではビッグバンが起きたとされていますが、ひも状態の素粒子が**非常に狭い空間に高温・高密度で存在**しています。そこには質量が大きい物質があり、強い重力が生じています。超ひも理論では、このような状況で、ひもがどんな影響を与え合っていたのかを計算できるのです。実際にアメリカのブルックヘブン国立研究所では、超ひも理論による計算とほぼ一致する素粒子の状態を観測。超ひも理論を裏付ける証拠になるのではないかと期待されています。

FILE.
146

量子重力理論

提唱者	朝永振一郎、リチャード・フィリップ・ファインマンなど
提唱された年	20世紀～現在
関連する用語	相対性理論、量子力学

シュレーディンガーなどによって確立された量子力学と、アインシュタインが提唱した相対性理論は、さまざまな実証実験や観測によって理論的にはどちらも正しいと考えられていますが、実は矛盾点も少なくありません。量子力学におけるミクロの世界は確率論で成り立っているので、厳密にいえば素粒子の物理量は無限大になってしまいます。そこで、電磁気力などの概念に量子力学的な考え方を用いるために、あらかじめ無限大の量を方程式に組み込んでおいて計算で出てくる物理量を有限に抑える「繰り込み」という方法が編み出されました。これは日本の朝永振一郎によって提唱され、今日まで活用されています。

日本の朝永振一郎によって考えられた「繰り込み」によって、
無限大の量も計算できるようになった

しかし、この「繰り込み」を用いても計算できない力があります。それが重力です。相対性理論では**重力の正体は空間のゆがみ**であると説明し、質量が大きいほど物体の周囲に生じる重力は大きいとしています。一方、量子力学では力を生み出す素粒子は常にゆらいでいて確率論的でしかありません。このミクロの世界で重力を計算しようとすると、どうしても無限大が現れてしまうのです。多数の物理学者が試みてはいますが、相対性理論と量子力学の融合は、いまだに成功していません。このように、どうにかして**素粒子の世界に重力のはたらきを組み込んで計算しようとすること**を量子重力理論と呼びます。この理論が完成すれば、宇宙で起こる現象のすべてを説明できるともいわれています。たとえば、リンゴはミクロな視点では素粒子でできています。一方、リンゴが木から落ちる現象は、時間と空間のゆがみによる重力によって生じています。このように、宇宙も含めて私たちの身の回りで起こるすべての現象は、素粒子の振る舞いと重力の性質によって成り立っているのです。

［時間や空間をつくる素粒子］

時間や空間をつくる素粒子と、リンゴをつくる素粒子は同じなのかもしれない

［リンゴをつくる素粒子］

量子重力理論は、さまざまな科学者によって研究されており、実にユニークな理論も提唱されています。そのうちのひとつが、**ループ量子重力理論**です。この理論では、時間や空間にはそれ以上分割できない最小単位があるとしています。つまり、時間や空間にも素粒子が存在するというのです。何とも不思議な理論ですが、実証されれば宇宙の仕組みを解明できる可能性を秘めています。

FILE.
147

ヒッグス粒子

提唱者	ピーター・ヒッグス
提唱された年	1964年
関連する用語	素粒子、光子

［ 素粒子とヒッグス粒子の関係 ］

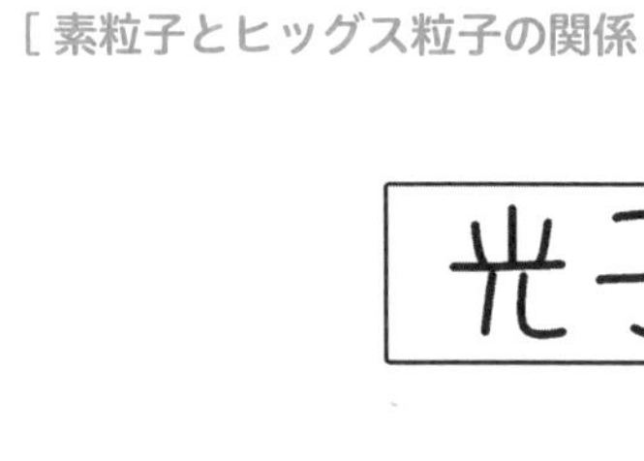

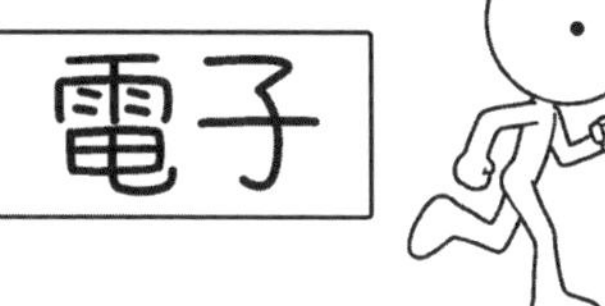

素粒子のなかで、いまだ多くの謎に包まれているのが**ヒッグス粒子**です。物質の内部だけでなく、空気中や宇宙区間など、私たちの身の回りのあらゆる空間に満ちていると考えられています。この素粒子は、ニュートリノやウィークボソンとは異なる種類に分けられると考えられています。そもそも素粒子は質量をもたずに誕生するとされていますが、**ヒッグス粒子はほかの素粒子とぶつかることで質量をもたらすはたらきがある**からです。

素粒子の種類によって、ヒッグス粒子とぶつかる頻度は異なりますが、光子はヒッグス粒子とぶつかりません。そのため、**光子は質量が0**のままで、何よりも速く飛ぶことができるのです。一方で、電子はヒッグス粒子と何度か衝突するため、電子は質量をもち、光より速く移動することができません。最後にウィークボソンは空間に満ちているヒッグス粒子と頻繁に衝突します。そのため、移動スピードがかなり遅くなってしまいます。ヒッグス粒子という存在を認めることで、**素粒子に質量があるものとないものとの差を説明することができる**ようになり、宇宙の観測や素粒子研究に大きな進展をもたらしました。

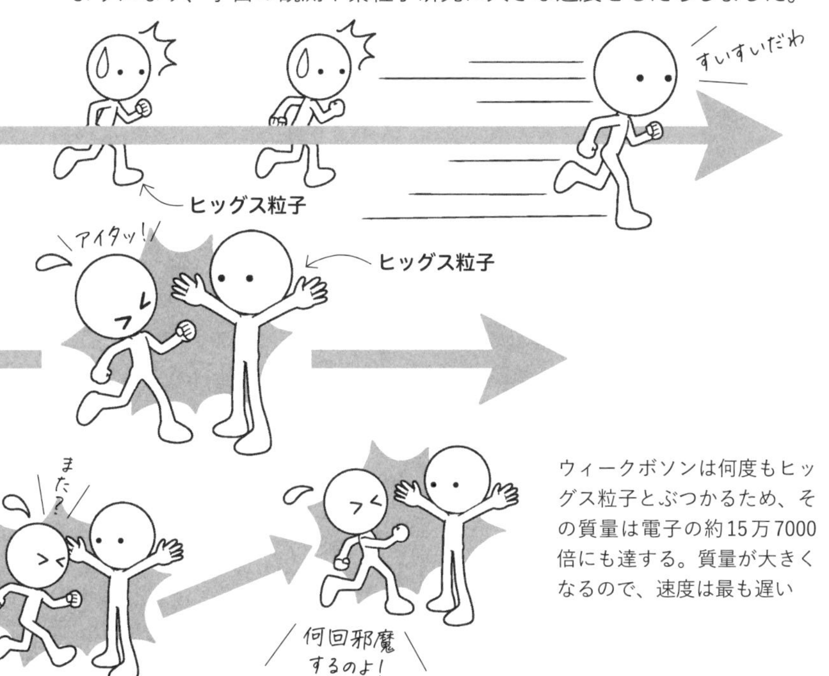

ヒッグス粒子は、長らく理論上の存在として語られてきました。ヒッグスが提唱した当時、素粒子を実際に観測する技術がなかったからです。初めてその存在が実証されたのは2012年。欧州原子核研究機構(CERN)にあるLHCと呼ばれる巨大加速器を用いて、電子を光に近い速度で飛ばして衝突させて、ヒッグス粒子の観測に成功。ヒッグスの提唱から約半世紀後の快挙でした。この発見によって、ヒッグスは2013年にノーベル物理学賞を受賞しました。

FILE. 148

ファインマンダイアグラム

提唱者 リチャード・P・ファインマン
提唱された年 1960年代
関連する用語 相対性理論、量子力学、電磁気学、量子重力理論

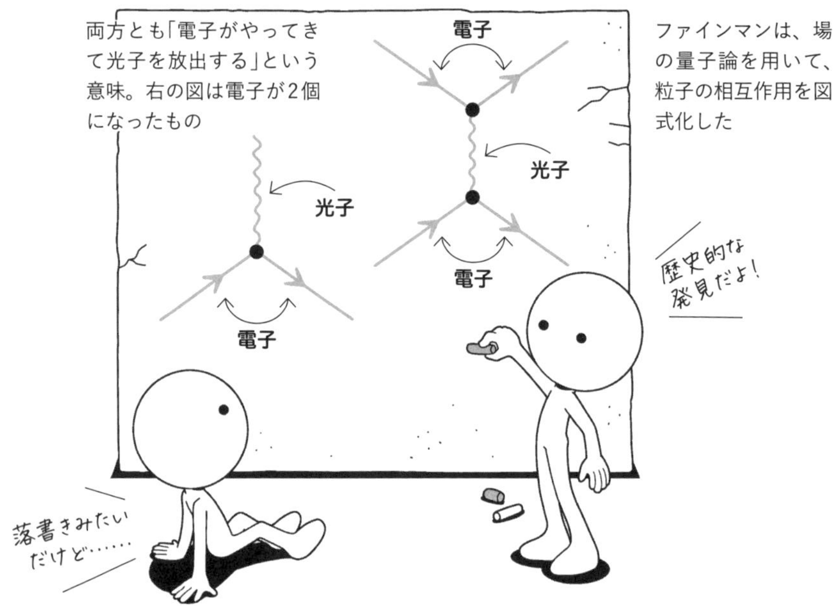

量子力学と電磁気学を融合させて解釈した量子電磁力学の偉人がアメリカのファインマンです。彼は、粒子がどのように生成され、どのように消滅していくのかなどを「**場の量子論**」という考え方を用いて説明しました。さらに、実際の粒子の反応過程を表現するためにつくり出したのがファインマンダイアグラムと呼ばれる図です。これは電子や陽子、光子といった**粒子の相互作用**を表し、さらに独自のルールを用いて計算できるようにしました。これによって、古典力学の計算式では説明できなかった**粒子の崩壊などを図式化することに成功**し、のちの量子重力理論などにも大きな影響をもたらしました。

FILE.
149

宇宙定数

提唱者 アルベルト・アインシュタイン
提唱された年 1917年
関連する用語 相対性理論、宇宙の膨張

アインシュタインは「宇宙は静的なもの」だと理解していましたが、自身が提唱した相対性理論の方程式と矛盾することに気づきました。そこで、重力の効果を相殺するため、方程式に組み込まれたのが宇宙定数です。しかし、のちにアメリカのハッブルが宇宙が膨張していることを観測。これによってアインシュタインは自ら設けた宇宙定数を否定しました。しかし、宇宙の膨張のスピードが加速していることがわかったことで、重力の効果を打ち消すような何らかの力があるとされ、宇宙定数が復活しました。

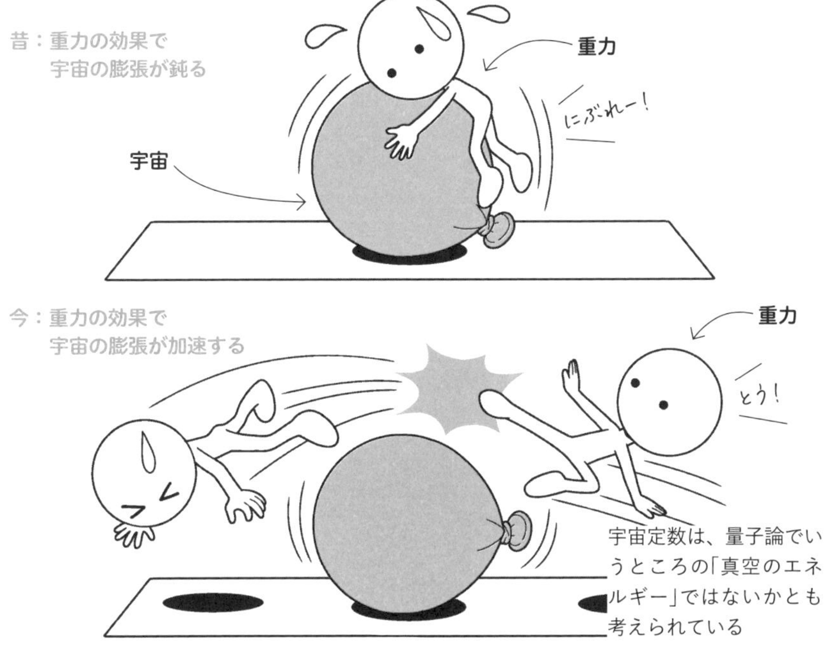

FILE.
150

ロッシュ限界

提唱者 エドゥアール・ロシュ
提唱された年 1848年
関連する用語 相対性理論、宇宙の膨張

1994年、木星に彗星が落下するという現象が起こりました。こうした現象が起こることは、100年以上前にフランスのロシュによって予言されていました。彼は、惑星や衛星が破壊されずにその主星(惑星に対する恒星)に近づける距離には限界があることを指摘。これをロッシュ限界と呼びます。さて、この現象には潮汐力という力が関連しています。簡単にいえば、大きな星と小さな星の重力の関係です。たとえば、月には地球に近い面に対して地球からの強い重力がかかっていますが、地球から見えない裏側の重力は弱くなります。この重力差が生み出す潮汐力によって、衛星が壊れてしまうことがあるのです。

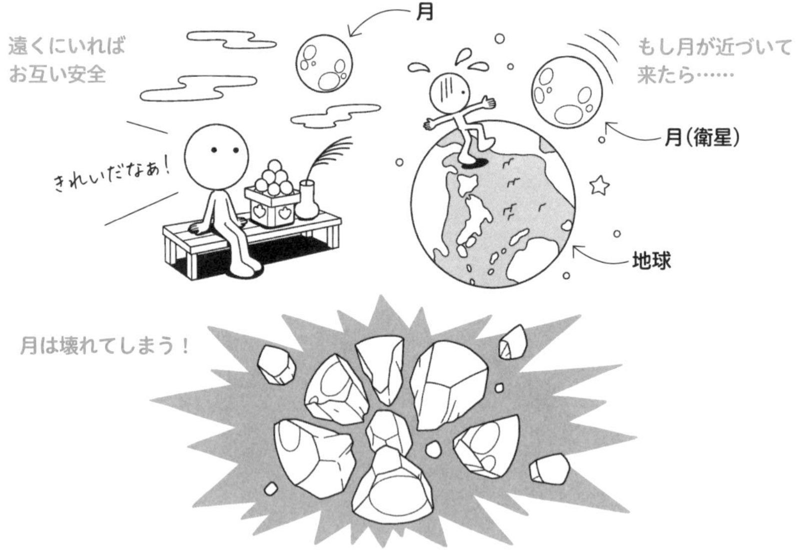

惑星に衛星が近づきすぎると壊れてしまうという限界の距離。地球のロッシュ限界は約1万9000キロで地球と月の距離は約38万キロある

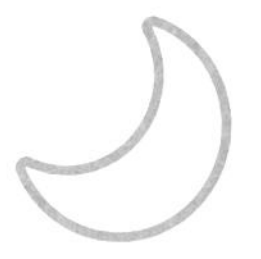

FILE. 151

フェルミのパラドクス

提唱者 エンリコ・フェルミ
提唱された年 1950年
関連する用語 地球外生命体、ドレイクの方程式

地球外に生命体がいる可能性が非常に高いのに、地球人が一度も遭遇していない事実は逆説的であるとした

地球外生命体、つまりエイリアンがいるかどうかは物理学者にとっても興味が尽きないテーマです。イタリアのフェルミは、量子力学や原子物理学の分野で大きな功績を残しましたが、あるとき「なぜエイリアンが見つからないのか」を真剣に考えました。宇宙は約138億年前からあり、惑星の数も膨大にあります。普通に考えれば地球外にも文明が存在する可能性は大いにあるはずです。それにもかかわらず、**知的生命体との接触がまったくないという事実は、逆説的**だとして、**フェルミのパラドクス**と呼ばれるようになりました。この考え方は、のちのドレイクの方程式につながりました。

ドレイクの方程式

FILE.
152

提唱者	フランク・ドレイク
提唱された年	1961年
関連する用語	地球外生命体、フェルミのパラドックス

地球外生命体を探す研究は、1960年代から現在に至るまで継続的に行われていますが、約半世紀が経った今も地球外生命体は発見されていません。フェルミのパラドクスの状態が続いているのです。そこで、どのぐらいの宇宙文明があるのかを推定する方程式をアメリカのドレイクが編み出しました。これがドレイクの方程式です。この式は、私たちが暮らす天の川銀河に、電波で地球と交信できる文明がどれだけあるかを算出するもの。方程式と呼ばれてはいますが、イラストにある7つの項目をかけ算で算定しようと試みたものです。

では、これら7つの項目に当てはまる数値はいくつになると考えられているのでしょうか。ドレイクが考えたのが「10(R*)×0.5(fp)×2(ne)×1(fl)×0.01(fi)×0.01(fc)×10000(L)」でした。これで導き出される**宇宙文明の数は10**になります。ただ、これが私たちと交信できる宇宙文明の数……と簡単に結論づけるわけにはいきません。そもそもドレイクの方程式が考えられた当時は、それぞれの値をかなり大ざっぱに想定しており、「科学的な意味はあるのか」という批判も受けたそうです。ただ、この式が正しいかどうかはともかく、地球外生命体がいる可能性を測ろうとしたおもしろい試みであることは間違いありません。近年は、当時まだ発見されていなかった太陽系外の惑星も発見されています。ドレイクの方程式で示された項目を各分野で研究を進めていけば、地球外生命体の存在を考える議論を深めるでしょう。ちなみに、この式を応用して理想の人と出会える可能性を計算すると「10億分の34」になるそうです。

ドレイクの方程式は、知的生命や文明が宇宙にどのくらい存在するのかを見積もる。ただ、知的生命が誕生する割合などはかなり大雑把に推定されている

ハビタブルゾーン

FILE. 153

提唱者	ハーロー・シャプレーなど
提唱された年	20世紀
関連する用語	地球外生命体、恒星、惑星

現代の技術力を用いれば、地球外生命体が存在する可能性を探ることができます。そのキーワードとなるのが**ハビタブルゾーン**。日本語では「居住可能帯」と訳され、生命体が生きる条件が満たされる恒星と惑星との距離のことです。

[ハビタブルゾーンを太陽系で表すと……]

太陽

水星

金星

地球

水が液体として存在できる距離と軌道

太陽に近すぎて水が蒸発する

ハビタブルゾーンに欠かせない条件が**水の存在**です。惑星が太陽に近すぎると、太陽から受け取るエネルギーが強すぎて、水はすべて蒸発してしまいます。身近な例でいえば金星はこの状態です。逆に、太陽から遠すぎると太陽から受け取るエネルギーが少なくなり、水はすべて凍ってしまいます。そのため、生命が存在する可能性が限りなく低くなるのです。太陽系でハビタブルゾーンにあるのは**地球だけ**です。では、ドレイクの方程式のように、太陽系外の天の川銀河まで広げて考えてみるとどうなるでしょうか。かつての技術力では、太陽系外の恒星を地球上から観測するのは困難でした。そこで役立っているのが人工衛星です。たとえば、アメリカ航空宇宙局(NASA)が2009年に打ち上げたケプラー衛星は、ハビタブルゾーンにある惑星を探す望遠鏡を搭載。その観測結果によれば、地球と似たようなハビタブルゾーンにある惑星がすでに見つかっています。

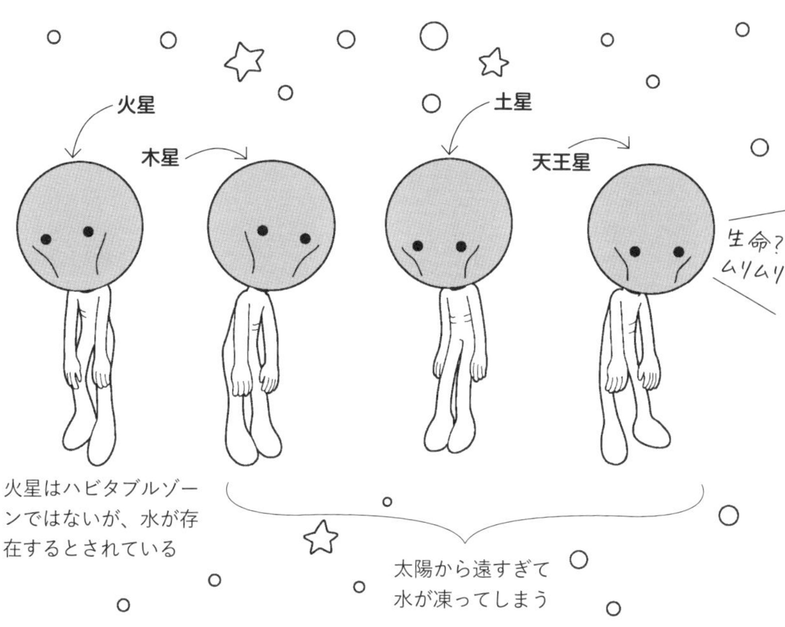

テラフォーミング

FILE.
154

提唱者　クリストファー・マッケイ
提唱された年　20世紀
関連する用語　火星

［火星の改造案］

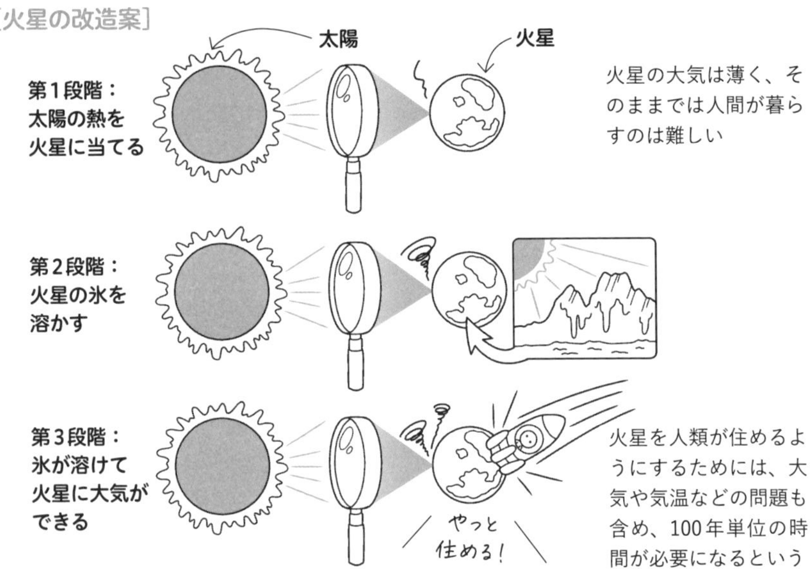

テラフォーミングとは、**惑星を地球のように人類が住めるような星につくりかえる計画**を指します。現在、その対象として注目されているのが**火星**です。火星が選ばれた理由は、自転の周期が地球とほとんど変わらず、水(氷を含む)があるからだといいます。火星を改造する具体案はすでにいくつか考えられていますが、問題となるのは大気。火星にも大気はありますが、地球に比べてかなり薄く、人類が生きるのは難しいレベルです。そこで火星の極(地球でいう北極や南極)にある**氷を溶かして大気中に水蒸気と二酸化炭素を増やす**という案が検討されています。溶かし方は太陽の熱を利用するとか、爆弾を落とすなどが挙がっています。

FILE. 155

重力波

提唱者 アルベルト・アインシュタイン
提唱された年 1916年
関連する用語 一般相対性理論

一般相対性理論によると、質量をもった物体が存在すると、それだけで時空にゆがみができるとされています。そして、そのゆがみが光速で伝わることを重力波といいます。重力波は、電磁波と同じ波動現象ですが、「重力を発生する起源の質量が運動すること（天体の爆発など）で発生する波動」というものです。そもそもアインシュタインの予測で導き出されたものだったので、その正体が何なのか論争が絶えませんでした。しかし、2015 ～ 2016年にかけて、アメリカの巨大観測装置 LIGO を用いて、初めて重力波の観測に成功。この重力波はブラックホール同士の衝突で生じたものだと考えられています。

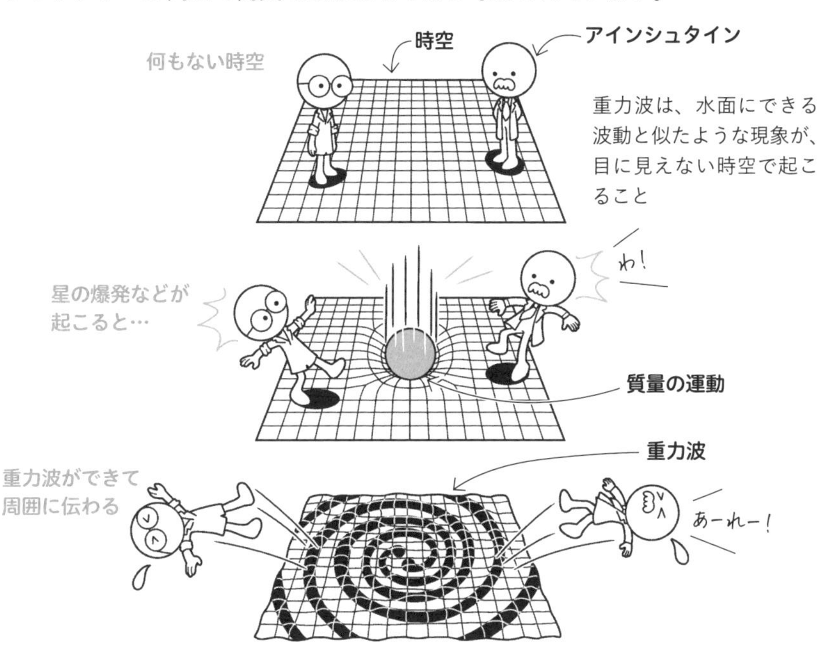

COLUMN

重力波よりさらに小さい背景重力波を観測！

2015年、アメリカの観測チームがアインシュタインが提唱していた重力波を初めて観測したとして、大きな話題を呼びました。それから8年後の2023年、さらに小さな重力波「背景重力波」を観測したとして、天文学者たちが騒然としました。その意義について解説します。

宇宙誕生をひもとくカギになる?

2015年に観測された重力波は、13億光年のはるか彼方で衝突した2つのブラックホールから放出された波長の短い（周波数の高い）ものでした。一方、2023年に観測された背景重力波は、宇宙空間を満たしている波長の長い（周波数の低い）重力波だとされています。

この観測に用いられたのは、「パルサー」と呼ばれる極めて正確な周期で電波を発する天体です。いわば不確実に満ちた宇宙空間の中で、非常に正確な時計のようなものです。このパルサーにわずかな変化をもたらしたのが、これまで計測したこともない超大質量のブラックホールです。その衝突によって生じた背景重力波は、重力そのものの性質を理解するためのヒントになるかもしれないと期待されています。

重力は、素粒子における4つの力のひとつですが、まだ実体がよくがわかっていません。もし背景重力波の発見から、重力を定める素粒子が発見されたのなら、宇宙誕生の神秘をひもとくカギになるでしょう。

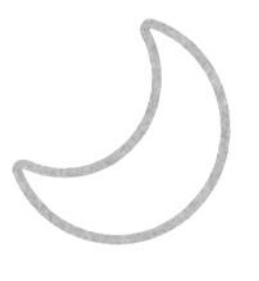

FILE. 156

スターボウ効果

提唱者	アルベルト・アインシュタインなど
提唱された年	20世紀
関連する用語	特殊相対性理論、光速、ドップラー効果

宇宙船から見える景色とはどんなものでしょうか。宇宙船の速さが、光速に比べて十分に遅いときは、私たちが地球上からみる景色と変わりがありません。では、宇宙船のスピードが光速に近づくとどうなるでしょう。宇宙船のスピードが速くなればなるほど、はじめに宇宙船の横や後ろの方向に見えた星まで、前の方に見えるようになります。これは**光行差**という現象で、雨が降っているときに車に乗っていると、雨が斜め前の方向から降って、窓に落ちていくのと近い現象です。光速の90%の速さの宇宙船からは、**宇宙の前半分が前方の直径約50度の範囲に集中して見える**そうです。

普通の速度だと星も普通に見える

アニメや映画で宇宙船のハイスピードを表現するとき、すべての景色が前方に集中するようになる。光速に近い宇宙船からはこれに近い現象が起こる

光速に近い速度になると……

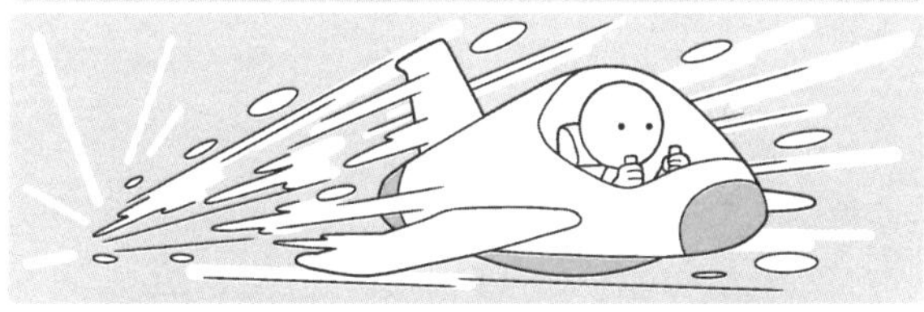

景色が前に集中するように見える

COLUMN

物理学者たちの奇人変人列伝

物理学は数々の偉人によって、成立した学問です。ニュートンやアインシュタインをはじめ、ノーベル賞の起源となったアルフレッド・ノーベルや送電の技術を確立したニコラ・テスラなど、天才たちの頭脳によって築かれたといっても過言ではありません。しかし、いかに天才といえど人間。天才たちの少し笑えるエピソードを紹介しましょう。

ニュートンはキレやすかった!?

古典物理学の基礎を築いたニュートンは、あらゆる現代科学の土台をつくったといっても過言ではありません。力学的な解釈はさまざまな分野に応用されており、現代文明を築くうえでニュートンの運動方程式は不可欠でした。大天才ではありますが、実は非常に怒りっぽく、権力には人一倍うるさかったとされています。大型望遠鏡の開発でロバート・フックと競っていたニュートンは、先に発明したのは誰かという点で大ゲンカを繰り広げます。ちなみに微分積分についてもゴットフリート・ライプニッツと対立。とにかく誰が先に開発したかにおいて非常にうるさかったのです。

のちに、王立学会の会長の座に就くと、ニュートンはフックの研究や実績をすべて燃やすように指示したといいます。ちなみに、これだけ怒りっぽかったのは、自身がハマった錬金術の研究において、水銀を摂取しすぎたせいだと考えられています。

戦争が嫌いすぎてトンデモ発明連発！

電流戦争（→P86）で、エジソンとし烈な争いを演じたテスラは、270以上もの特許を得た発明家でもありました。ただ、なかにはトンデモと呼べるような発明もありました。たとえば、水銀の同位体を音速の48倍に加速させた「殺人ビーム」。もともとは軍隊を吹き飛ばす目的で研究・開発したため、テスラ自身は「平和ビーム」と呼んでいたそうです。しかし、あまりに突拍子もない兵器だったため、先進各国からは総スカンを喰らってしまったようです。

ほかにも海上から軍隊を排除するため、リモコン式艦船を開発したり、「テルオートマトン」という人工津波を起こす兵器を発明しようとしました。いずれも実用化には至りませんでしたが、テスラはとにかく戦争や軍隊が大嫌いだったようです。

イーロン・マスクはブラック会社推奨!?

世界的な起業家イーロン・マスクは、テスラに憧れて学生時代に物理学を学びました。彼は子ども時代から無類の読書好きで、さらにコンピュータやテレビゲームに多大な関心を寄せていたそうです。大学時代には、インターネットや持続可能エネルギーなどにも興味を抱き、大学院を2日で中退して起業家に進み、今では世界的な大金持ちになりました。

現代を彩る偉大な人物ですが、その考え方にはなかなか受け入れがたいものもあります。たとえば、労働時間。彼は週に80時間以上も働くと知られていますが、それを社員にも求めるから大変です。旧Twitter社を買収したときも、既存の社員に「長時間労働を受け入れるか退職するか」を迫ったとされています。現代のトレンドに逆行するブラックぶりです。

その発言が波紋を呼ぶことがありますが、そもそも「私は言いたいことを言う。その結果としてお金を損するなら、それで構わない」と話していることからも、とことん我が道を行くタイプなのでしょう。

第4章 物理学が生み出した先端技術

INTRODUCTION

量子力学は身近なテクノロジー

これまで述べてきた量子力学などの理論は不思議なものではありますが、実はみなさんが身近に利用しているものにも活用されています。たとえば、普段使用しているパソコンやスマホ。その内部に使われる**半導体**(→ P220)は、物理学の**バンド理論**(→ P221)や**空孔理論**(→ P222)などを応用してつくられています。簡単にいうと、電子がどのような動きをするのかを検証した理論で、半導体に電気が流れる仕組みなどに活用されています。

物理理論を応用した LED

現在、多くの家庭で LED 照明が使用されています。普通の電球よりも耐用年数が長いぐらいの認識しかないかもしれませんが、物理学的には大きな進歩でもありました。**LED**（→ P224)が白色に発光するのは、赤・緑・青の「光の三原色」を均等に発光させているからです。しかし、LED における発光ダイオードのうち、青色の発光ダイオードについては実用化が非常に難しいとされていました。しかし、日本人物理学者たちがこの開発に成功。情報処理や医療・農業分野でも活用され、世界に技術革新をもたらしました。

開発が進められる量子コンピュータ

そして今、高い注目を集めるのが**量子コンピュータ**です。普通のコンピュータは、いわゆる「1＋1＝2」といった計算を得意としていますが、量子コンピューターは、常に0と1が重ね合わさった状態での計算を得意とします。つまり、量子論の確率論的な計算ができるのです。この技術が発展すると、「どちらのほうがより確率的に優れているか」というような選択の最適化もできるようになるとされています。そのため、普通の計算では解けない人体のメカニズムの解明にもつながります。さらに量子コンピューターを用いたAIが誕生すると、より高度な判断ができる可能性があります。

未来のトレンドは「不確実」な理論

このように、物理学は実在のテクノロジーにも活用されています。研究開発が進められている技術の多くに量子力学の理論が応用されており、近い将来に世界を変えるかもしれません。

物理学を含めた理系分野は「絶対的なもの」を扱うと考えられ、エビデンスとして扱われることも少なくありません。しかし、実はそうした学問の源泉でもある物理学の最先端は「**すべてがあべこべ**」であることを証明しています。私たちは今後、こうした不確実であべこべな世界を理解する必要があるのでしょう。

POINT

- 半導体やLEDが使えるのも物理学のおかげ
- 量子論はあらゆる技術を進歩させる可能性を秘めている
- 世界が不確実であべこべであることを理解しよう

FILE.
157

半導体

提唱者	ジョン・バーディーン、ウォルター・ブラッテン
提唱された年	1948年
関連する用語	導体、絶縁体、トランジスタ

半導体は本来、**電気を通す導体と、電気を通さない絶縁体の間にある性質をもつ物質**を指します。具体的にはケイ素やゲルマニウムが挙げられます。最近は、おもにコンピュータなどに用いられる集積回路のことを半導体と呼んでいますが、これは半導体の性質をもつ物質を材料にしているからです。その起源をたどると、ラジオに行きつきます。アメリカの物理学者バーディーンとブラッテンがトランジスタと呼ばれる集積回路を開発。それまでラジオは真空管を使用していましたが、1955年にソニーがトランジスタを用いてラジオをつくったことで、より小型化・軽量化に成功しました。

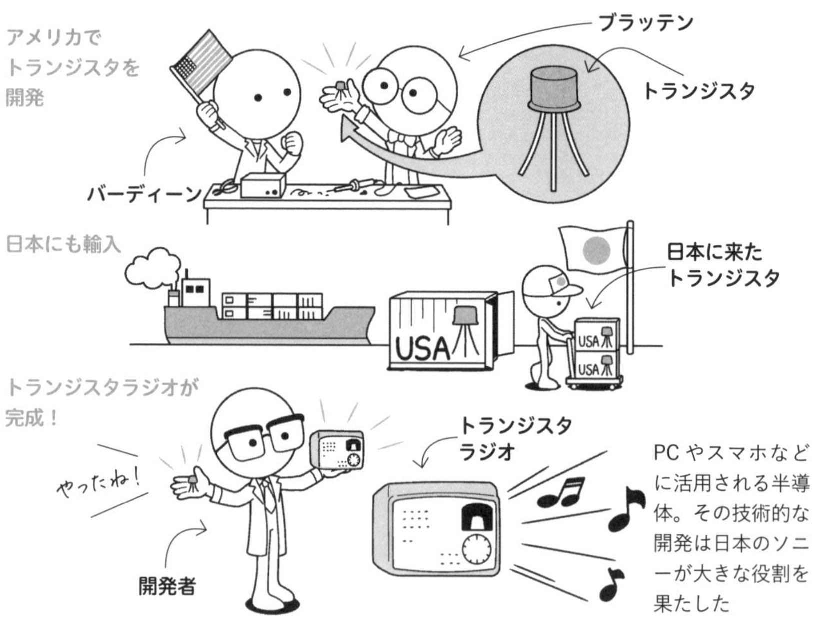

FILE.
158

バンド理論

提唱者	フェリックス・ブロッホ
提唱された年	1928年
関連する用語	原子核、電子、半導体

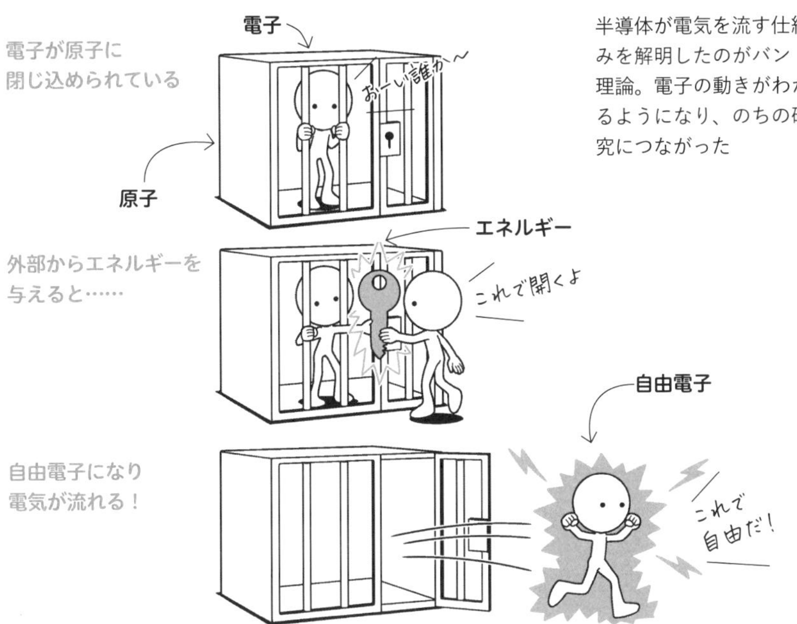

半導体が電気を流す仕組みを解明したのがバンド理論。電子の動きがわかるようになり、のちの研究につながった

物質の中を飛び回る電子は特定のエネルギー帯に存在するという理論です。原子核の周囲にある電子の軌道は電子軌道と呼ばれ、そうした電子がもつエネルギーの値を「エネルギー準位」といいます。原子が集まって、ひとつの集団（結晶）になると、エネルギー準位が連続的に分布するようになり、バンド（帯）状を形成。これをエネルギー帯（バンド）と呼び、バンド理論として知られるようになりました。この理論は半導体技術に用いられ、電子が外部からのエネルギーを受けると、原子核から逃れて結晶中にある**自由電子**になり、電気が流れるという性質を活用して、半導体が製造されています。

FILE.
159

空孔理論

提唱者	ポール・ディラック
提唱された年	1930年
関連する用語	原子核、電子、半導体

アインシュタインの相対性理論などを発展させて誕生したのが**空孔理論**です。非常に難しい理論ですが、半導体などのエレクトロニクスには欠かせません。空孔理論とは、電子が別のエネルギー帯に移ったときに、それまで電子が詰まっていたエネルギー帯に、空の穴ができます。これは**正孔（ホール）**と呼ばれ、電子が移動した部分を導電帯（どうでんたい）、電子が詰まっていて穴があいたほうを価電子帯（かでんしたい）といいます。このとき、ホールができたエネルギー帯では、電子がひとつ抜けたために、ほかの電子が移動できるようになり、ここで**電子による運動エネルギーが生じる**のです。こうした性質が半導体にも活用されています。

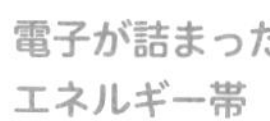

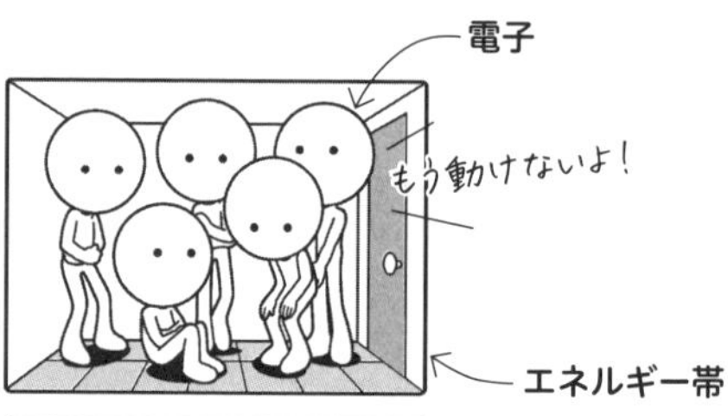

電子が別の
エネルギー帯に移動

スペースが
開いたので
電子が運動できる

半導体の仕組みに活用される空孔理論。電子が抜けて生じたスペースを活用し、電子が運動をはじめる

FILE. 160

近藤効果

提唱者 近藤淳
提唱された年 1964年
関連する用語 電荷、電気抵抗、スピン

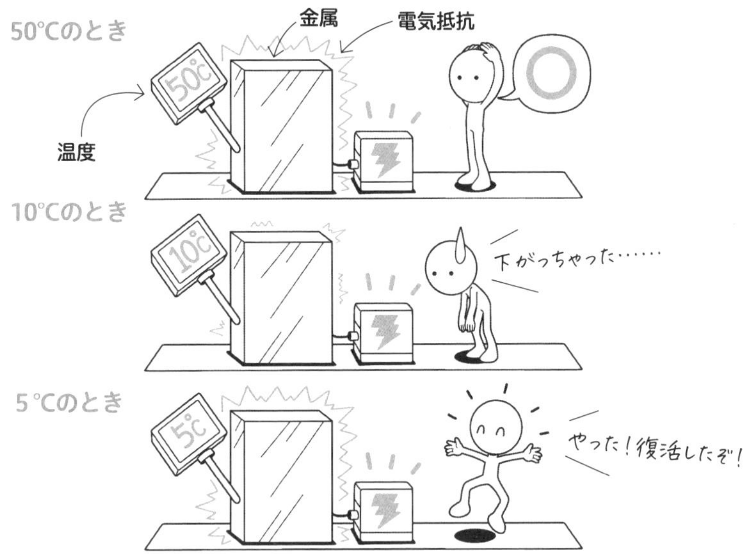

近藤淳は、長らく物理の課題とされていた金属の熱に関する電気抵抗の法則を発見した

日本の物理学者で、ノーベル賞に近いといわれていた近藤淳が発見したのが近藤効果です。通常は温度低下に伴って一方的に下がる金属の電気抵抗が、ある一定の温度以下で逆に上昇するという現象を指します。熱に関する研究のように見えますが、実は磁性が深く関連しています。物質の電気の流れやすさは電荷の性質だけでなく、磁石のもととなる「スピン」と呼ばれる性質をもつ電子が物質の中をどれだけ邪魔されずに動けるかによって決まります。近藤が指摘したのは、鉄やマンガンといった不純物を含んだ金属の電気抵抗が下げ止まる仕組みでした。この理論は未来の技術への活用が期待されています。

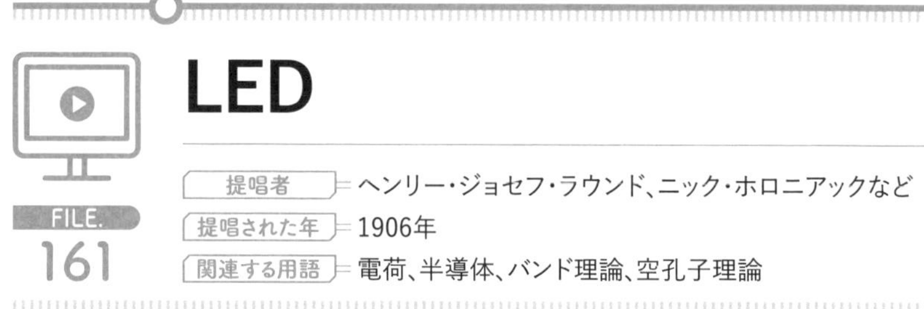

LED

提唱者 ヘンリー・ジョセフ・ラウンド、ニック・ホロニアックなど
提唱された年 1906年
関連する用語 電荷、半導体、バンド理論、空孔子理論

一般的に長持ちする照明として知られるLEDは電気を流すと発光する半導体のことです。最近になって定着したと思われていますが、実は1906年にイギリスのラウンドが炭化ケイ素に電流を流して黄色い光が得られたことが研究の始まりだとされています。その後、「LED発明の父」と呼ばれるアメリカのホロニアックが赤色のLEDを発明。しかし、**LEDで白色を発光させるためには、青色のLEDが必要**でした。その開発に成功した赤﨑勇、天野浩、中村修二はノーベル物理学賞を受賞し、量産化されるようになったのです。このLEDが発光する仕組みにはバンド理論や空孔理論が用いられています。

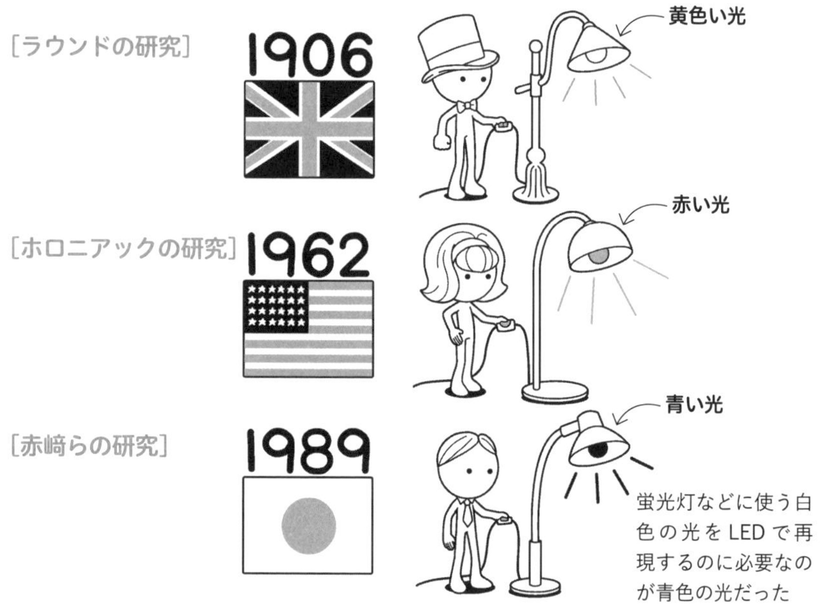

FILE.
162

トンネル効果

提唱者	江崎玲於奈
提唱された年	1950年代
関連する用語	量子力学

［古典力学の場合］

［量子力学の場合］

ボールを壁に向かって投げると、ボールは壁に当たって跳ね返ってきます。ごく当たり前の現象ですが、理論的にはボールが壁をすり抜けることがあります。力学的には壁のエネルギーによってボールは跳ね返されると考えられますが、量子力学でいうとボールそのものが素粒子によってできているので、雲のようにぼんやりと存在しています。そのため、ボールが波のように振る舞うことで、**壁の向こう側にすり抜けることができる**のです。まるで物質が壁に穴を開けて向こう側に抜けていったように見えることからトンネル効果と呼ばれます。夢物語のように思われるかもしれませんが、実はフラッシュメモリーなどはこの原理が用いられています。

FILE. 163

江崎ダイオード

提唱者　江崎玲於奈
提唱された年　1957年
関連する用語　量子力学、トンネル効果

江崎玲於奈がトンネル効果を用いて作製したのが**江崎ダイオード**と呼ばれる半導体です。この半導体は、**電圧が増加すると、電流が減少する負性抵抗特性をもち、電圧と電流において特徴的な関係**があります。一般的な半導体では、基本的には逆方向には電流が流れません。しかし、江崎ダイオードは逆方向に電圧をかけると、電流も逆方向に流れ始めます。このように電流が流れるのは、トンネル効果の応用といえます。この半導体は「トンネルダイオード」とも呼ばれ、**マイクロ波**という電磁波と相性がいいとされており、量子コンピュータ(→ P234)の開発などにも活用されています。

普通の半導体は電流がひとつの方向にしか流れない

江崎ダイオードの場合、逆方向にも電流が流れる

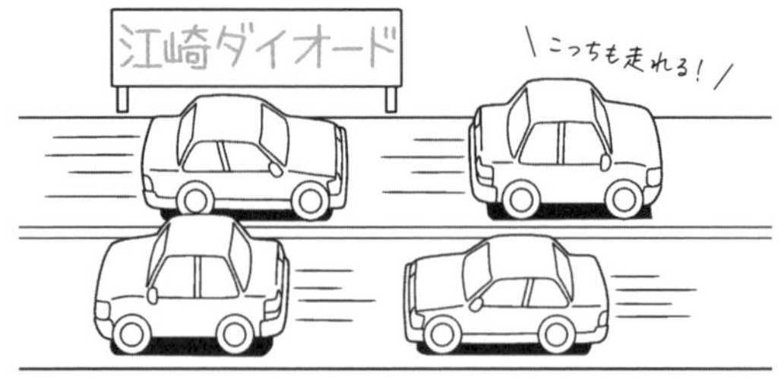

トンネル効果を技術として活用したのが江崎ダイオード。ソニーによって実用化された

FILE. 164

シュタルク効果

提唱者 ヨハネス・シュタルク
提唱された年 1913年
関連する用語 原子、スペクトル

物質の放射や光の波長には**スペクトル線**と呼ばれる固有のパターンがあります。ドイツのシュタルクは水素原子に外部から電場をかけるとエネルギーが変化して、**スペクトル線が分裂する効果**を発見しました。これがシュタルク効果です。現在も原子におけるシュタルク効果は研究が進められています。

シュタルク効果は、光のスペクトルのひとつの特長を示した。現在も多くの研究が行われている

FILE. 165

ゼーマン効果

提唱者 ピーター・ゼーマン
提唱された年 1896年
関連する用語 スペクトル線、シュタルク効果、量子力学

シュタルク効果は、外部から電場をかけたときにスペクトル線に起こる現象を指していますが、対してゼーマン効果は外部から**磁場をかけたときの効果**を指します。つまり原子から放出される電磁波のスペクトル線が分裂する現象です。量子力学の発展によって、より複雑なメカニズムがわかってきています。

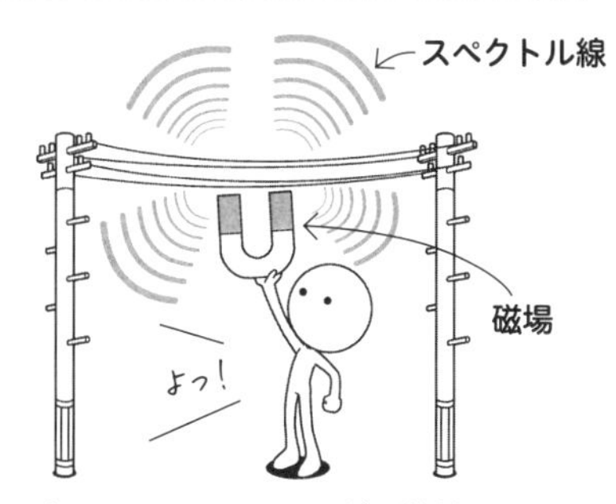

磁場を与えると、スペクトル線が複雑なメカニズムで分裂する

FILE. 166

光ファイバー

提唱者 西澤潤一
提唱された年 1964年
関連する用語 光、屈折率、全反射

インターネット回線などでよく耳にする光ファイバー。もともとは透明度の高いガラスやプラスチックでできた繊維を指していましたが、いまはこれをケーブル状にした光を伝達する装置のことを指します。光の全反射という現象を利用し、屈折率の高いコアを屈折率の低いクラッドという素材で覆って、光を伝えています。

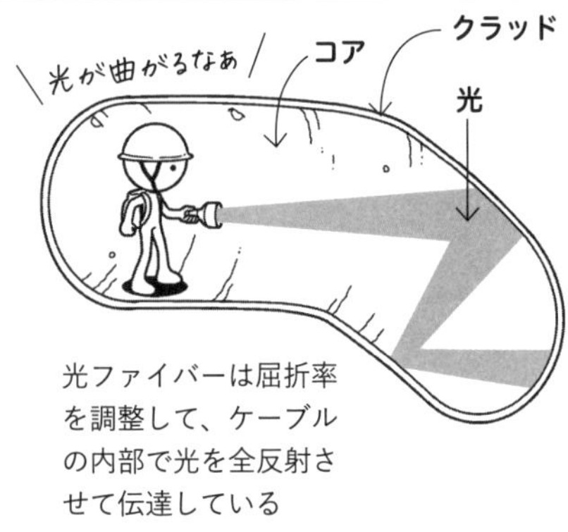

光ファイバーは屈折率を調整して、ケーブルの内部で光を全反射させて伝達している

FILE. 167

レーザー

提唱者 ゴードン・グールド
提唱された年 1959年
関連する用語 光ファイバー、マイクロ波

マウスやレーザーポインターなど身近な技術に利用されているレーザー。本来は光を増幅して放射する装置のことを指します。レーザーの特長は光と異なり、広がることなくまっすぐ進むことと、ひとつの色でできていること。その性質を利用し、光ファイバーの光源としても活用されています。

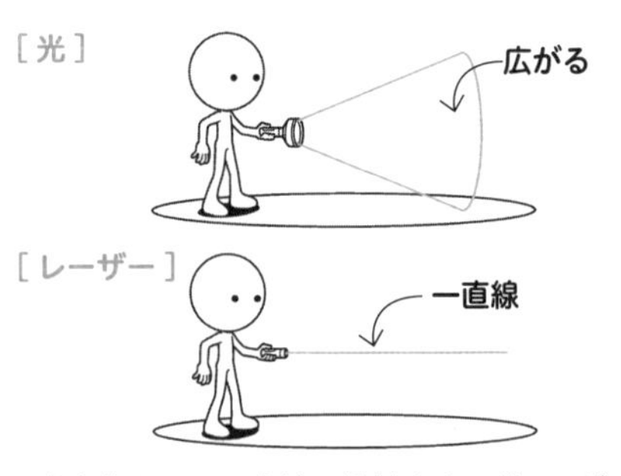

光を集めて、一直線に放射するのがレーザー。ちなみに名付け親は大学院生だった

FILE. 168

霧箱

提唱者	チャールズ・ウィルソン
提唱された年	1897年
関連する用語	放射線、粒子

蒸気が液体になる作用（凝結作用）を利用して、粒子の動きを観察するための装置。アルコールを蒸発させた気体を箱の中に入れて温度を下げると、白い筋のようなものが見えます。この中に放射線を通すと、放射線がどのように飛んでいくのかを観測することができ、放射線の研究が進みました。

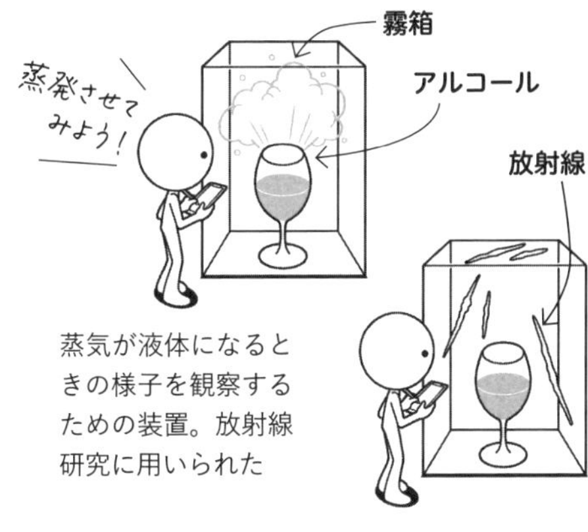

蒸気が液体になるときの様子を観察するための装置。放射線研究に用いられた

FILE. 169

泡箱

提唱者	ドナルド・グレーザー
提唱された年	1952年
関連する用語	放射線、粒子

霧箱と似たような原理で、過熱状態の透明な液体を満たした空間を粒子が通過することにより、粒子が通過した部分の水素が泡として観測できる装置のことを指します。これによって観測されたのがニュートリノ（→ P158）。その後、ミクロレベルでの現象を視覚的に観察する道具として用いられました。

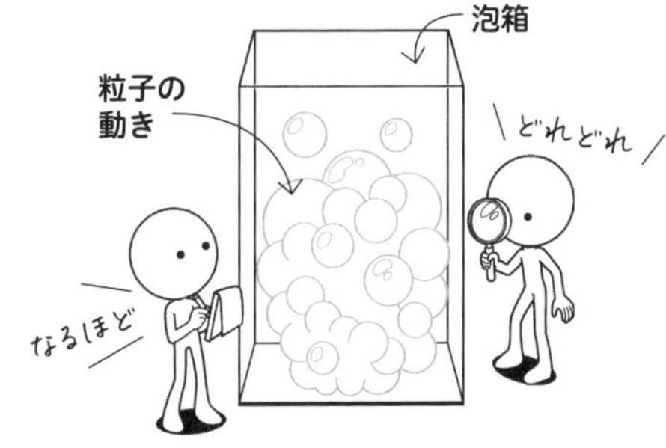

現代では機械的な観測機器にとって代わられたが、今でも教育用として用いられることがある

FILE.
170

加速器

提唱者	アーネスト・ローレンス
提唱された年	1931年
関連する用語	導体、絶縁体、トランジスタ

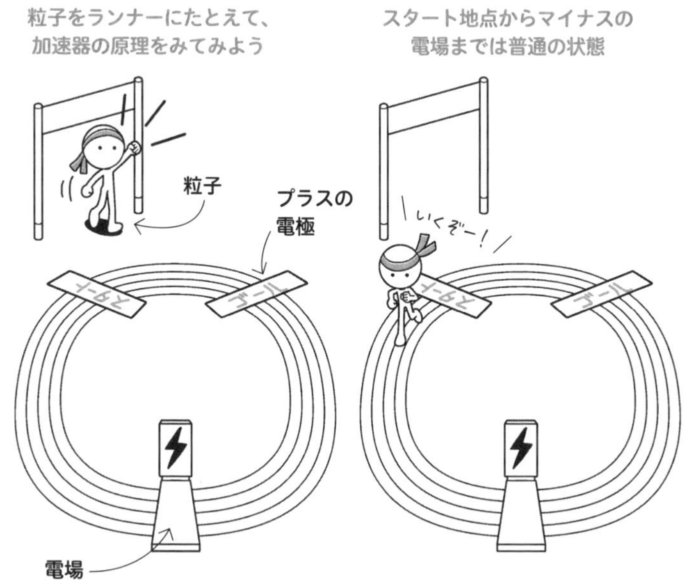

テレビやパソコンのディスプレイは今でこそ液晶パネルが用いられることが多くなりましたが、かつてはブラウン管という装置が使用されていました。実は、このブラウン管は加速器と呼ばれる物理学の実験装置に由来しています。加速器を端的に説明すれば、**粒子に運動エネルギーを与えて、速度を上げる装置**です。その際、用いるのが電場。電荷をもった粒子は電場の中でエネルギーをもらってどんどん加速していきます。その仕組みは、2つの電極板を用いて、穴の開いた電極のほうからマイナスの電荷を帯びた電子を入れます。すると、電子はプラスの電荷を帯びた電極に加速して吸い寄せられるというものです。

電場によって加えられた電子のエネルギーは、電場の中での位置エネルギーが運動エネルギーに変換されたもので、**電子ボルト**という特殊な単位で表されます。電極間の電圧が1ボルトのとき、電子が得るエネルギーは1電子ボルトです。

では、ブラウン管はどのような仕組みで映像を映し出していたのでしょうか。ブラウン管の内部では、マイナス極から入った電子がブラウン管内部の電場によって加速され、電子ビームとなってブラウン管の発光面を叩きます。こうしてブラウン管の表面に映像が映るのです。

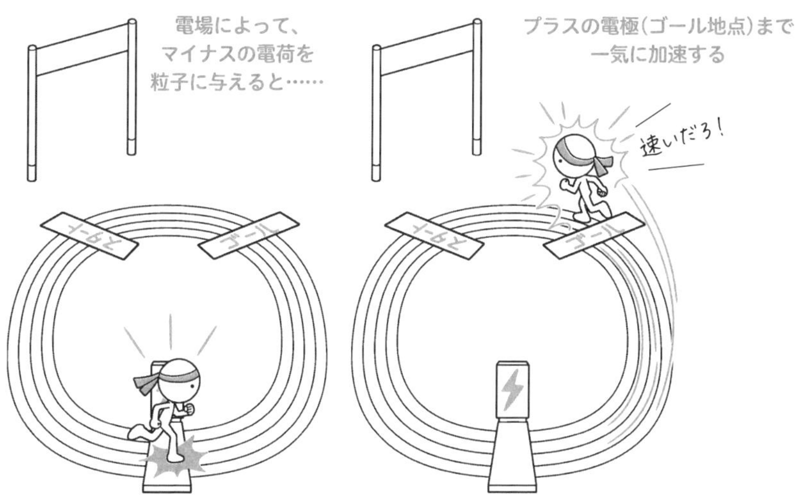

加速器は現代エレクトロニクスの発展に大きく関係しています。たとえば、医療分野ではCTスキャンやPET検査といった高度な画像診断装置がありますが、これも加速器が役立てられています。また、粒子を光の速度近くまで加速して、高いエネルギー状態にする高エネルギー加速器は、さまざまな最先端研究に用いられています。兵庫県にある**大型放射光施設「SPring-8」**では、加速器によって電子を光速近くまで加速し、原子レベルで物質の構造やはたらきを観察しています。このような技術をもった施設は世界に3つしかありません。光合成といった化学反応などの研究にも用いられており、加速器はあらゆるテクノロジーを支えているのです。

FILE.
171

人工知能

提唱者 ジョン・マッカーシー、マービン・ミンスキー
提唱された年 1956年
関連する用語 機械学習、深層学習

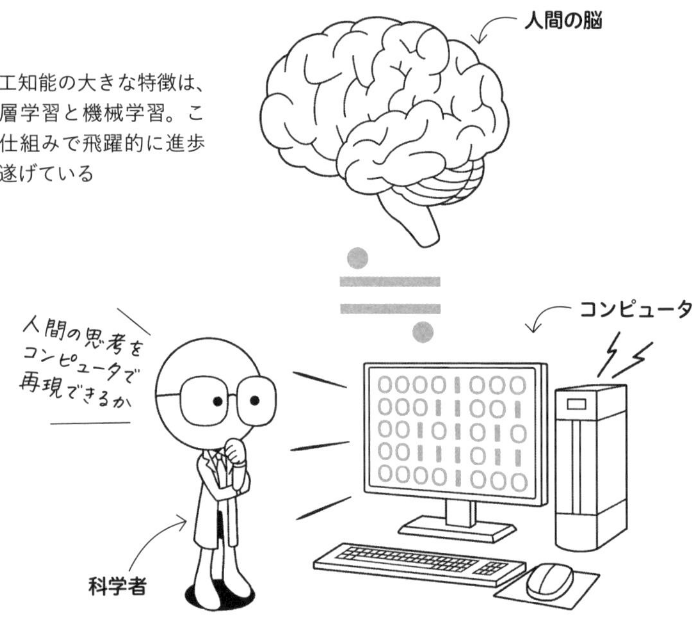

人工知能は世界の科学技術を進歩させるとして、各国で研究開発が進められています。人工知能の定義は厳密に決まっているわけではありませんが、**人間の思考プロセスとよく似たメカニズムで動作するプログラム**、あるいは**人間が知的と感じる情報処理技術**といった広い概念で理解されています。人工知能の大きな特徴は、**深層学習**と**機械学習**です。深層学習というのは、人間の脳の構造を模してつくられた仕組み(ニューラルネットワーク)を用いて行われ、人間のように情報をもとに考察や予測、問題解決などを行います。一方の機械学習とは、トレーニングによって特定のタスクを実行できるようになることです。

人工知能の機械学習には、「学習」と「推論」という2つのプロセスがあります。学習は大量のデータから一定のルール・パターンを発見することです。こうして発見されたパターンは「学習済みモデル」と呼ばれ、人工知能はこのパターンを用いることでさまざまなことができるようになります。そのうちのひとつが推論です。これは、すでに蓄積されたデータから未知の事柄を予想して推測することを指します。推論は深層学習によって、より正確性を増していきますが、そのためにはより正確なニューラルネットワークが必要となります。そのため、人工知能の性能は、いかにニューラルネットワークがうまくはたらくかに左右されるのです。

［AIの機械学習］

人工知能は、自ら学習ができるので、いずれ人間の知能を超える日が来るともいわれます。そのときに人工知能が「人間の心をもつかどうか」によって、「強いAI」と「弱いAI」に分かれると考えられています。強いAIとは、人間の心に近く、倫理観などをふまえて判断を下せるAIです。一方、弱いAIは「人間の心をもたず、プログラムが人間の認知に近いというだけ」の存在です。現状では強いAIは登場しておらず、弱いAIが倫理を無視した答えを導き出すことで、批判を浴びたりもしています。

FILE.
172

量子コンピュータ

提唱者 ＝ ポール・ベニオフ、リチャード・フィリップ・ファインマン
提唱された年 ＝ 1980年代〜現在
関連する用語 ＝ 古典力学、量子力学

生活に欠かせない道具となったコンピュータですが、もともとは電子計算機のことで、複雑な計算を瞬時に解くツールです。計算というと、「1＋1＝2」というような式を思い浮かべるでしょう。この計算は古典計算と呼ばれ、実際に現在使用しているPCやスマホなどにも用いられています。しかし、量子コンピュータでは、こうした古典計算を用いることなく、**量子力学に基づく量子計算によって計算される**のです。現在のコンピュータで解けないものを解けるのが量子コンピュータです。

［古典的な計算］

既存のコンピュータは古典力学などで用いられる計算方法を用いている

［量子的な計算］

量子コンピュータでは、量子計算という方法が用いられ、計算速度が高まるといわれている

では、量子計算の仕組みについて少し掘り下げてみましょう。古典計算と量子計算の違いは、演算に用いる単位です。古典計算では演算で用いる単位は**ビット**と呼ばれ、「0か1かのどちらかの値」しかありません。基本的にこれまでのコンピューターは0と1を用いて計算していたのです。しかし、量子計算の場合、**Qビット**と呼ばれ、0と1が重ね合わさった状態で計算します。イメージしづらいとは思いますが、これによって量子計算ではさまざまな計算を一括して行うことができます。つまり、古典計算よりも短い時間で計算できるようになるというわけです。現段階の量子コンピュータではエラーが多く、既存のコンピュータに演算機能で劣っていますが、実用化されれば原子や分子を扱う薬剤や病気などの解明などに役立つとされています。

[量子コンピュータ]

実現すれば、既存のコンピュータよりも演算機能が高まるとされている

一方で、量子化された数値を用いるため、給与計算などには不向きだといわれている

現在、世界各国で量子コンピュータの研究が進められています。なかでも最も力を入れているのはアメリカ。**国家量子イニシアチブ法**を定めて、量子開発を進めています。一方、研究論文数で世界一となったのは中国。2013年以降、アメリカを上回る数の論文が発表されており、2019年時点で1913にも上っています。日本は予算でも、論文数でも後れを取っています。

FILE.
173

シンギュラリティ

提唱者 レイ・カーツワイル
提唱された年 2005年
関連する用語 人工知能

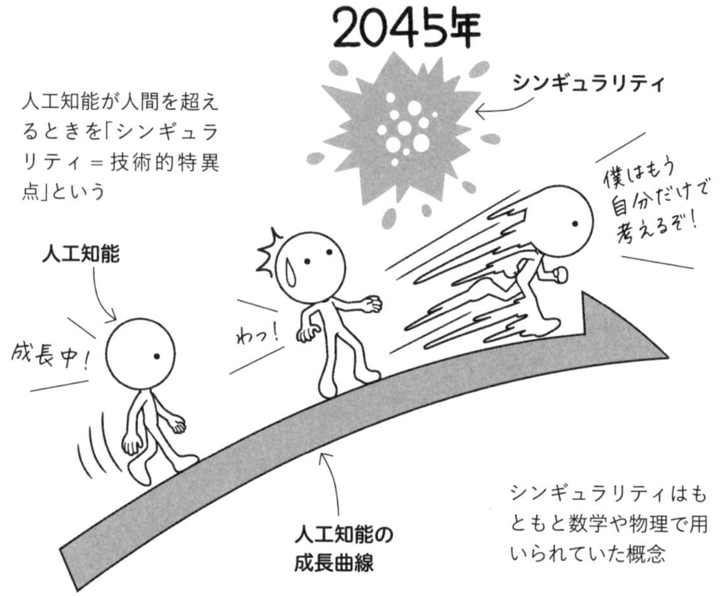

シンギュラリティは、本来「特異点」という意味ですが、一般的に「技術的特異点」として知られています。技術的特異点とは、1980年代からAI研究者の間で話し始められたもので、人工知能が人間の知能を上回る時期のことを指します。アメリカのカーツワイルは、**2045年にシンギュラリティが起こる**と予言し、科学者の間でさまざまな予測が立てられています。肯定派は産業などにプラスの効果があるとする一方、否定派は、人類と対立を招く可能性があるとして警鐘を鳴らしています。実際にその日が来るかはわかりませんが、人工知能が人類を超える日が来るのは確実視されています。

COLUMN

実験を必ず失敗させる!? パウリ効果とは

こんな話を聞いたことがないでしょうか。「Aという人が電化製品の近くにいると必ず不具合が生じたり壊れたりする」。これを物理学的にはパウリ効果といいます。日本でいうところの雨男のような話で、誰かの存在によって、なぜか物事がうまくいかなくなることを指しています。もともとはオーストラリアのヴォルフガング・パウリという人物にちなんだ言葉です。その由来について解説していきましょう。

仲間うちで語られた物理学界のジョーク

パウリは、原子内における電子軌道について「パウリの排他律」を提唱。1945年にはアインシュタインの推薦によってノーベル物理学賞を受賞した偉人です。しかし、彼は非常に実験が苦手でした。パウリが触れると実験機材が壊れたり、近くに寄るだけで不可解な壊れ方をしたとされています。

そのため、友人であるはずの物理学者オットー・シュテルンは、パウリを実験室に入れたがらなかったそうです。ほかにも、ニールス・ボーアは実験が失敗したとき、常にパウリのせいにしたとされています。何ともふびんに思われますが、パウリ本人がパウリ効果を認めていたそうです。とはいえ、この効果は物理的に実証されているわけではなく、仲間うちでのジョークが物理学界に広まったというだけにすぎません。あなたの周りにもパウリのような人がいたら、ぜひパウリ効果だと言ってみてください。

FILE.
174

宇宙エレベーター

提唱者 コンスタンチン・ツィオルコフスキー
提唱された年 1895年
関連する用語 人工衛星、カーボンナノチューブ、磁場

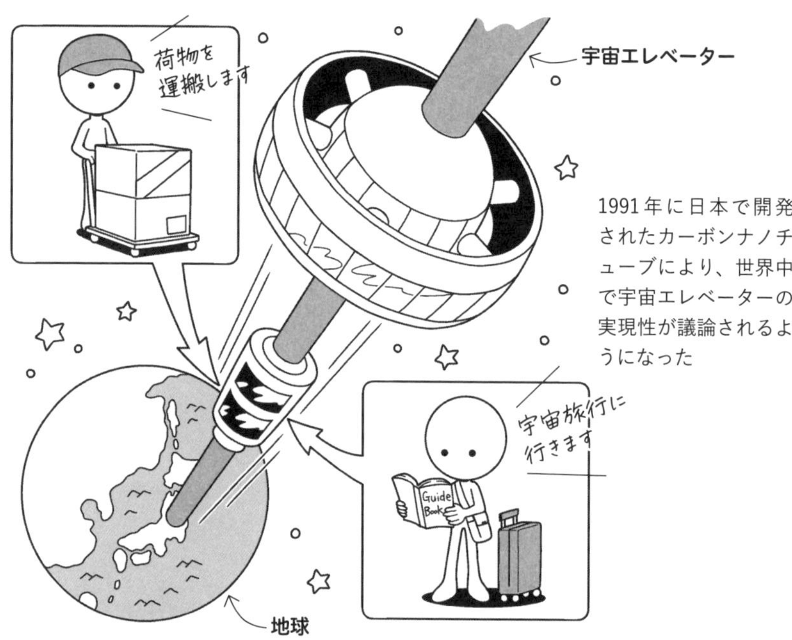

宇宙エレベーターは、**文字通り地上と宇宙にある衛星をつなぐ夢の技術**です。別名「軌道エレベーター」とも呼ばれ、「宇宙旅行の父」と呼ばれるツィオルコフスキーが自著の中で記述しています。かつては技術的な問題で実現は不可能だとされましたが、軽くて丈夫なカーボンナノチューブという素材が登場したことにより、にわかに開発の実現性が高まりました。宇宙エレベーターのメリットはロケットよりも低コスト・低リスクで宇宙へ行ける点です。ただ、人工衛星の静止軌道から下ろしたケーブルが重力や磁場の影響をどのように受けるかなどの課題が残されており、実現はまだ先になりそうです。

FILE.
175

永久機関

提唱者 アルキメデス
提唱された年 紀元前〜現在
関連する用語 熱力学第1法則、熱力学第2法則

永久機関は、**永久に仕事をし続けることができる装置**のこと。第1種と第2種があり、第1種は「外部から何も受け取ることなく、仕事を外部に取り出すことができる機関」を指します。これは熱力学第1法則である「変換前後のエネルギーの総和は変わらない」という法則に反するため否定されました。第2種は「装置を動かすエネルギーを自分でまかなうもの」でしたが、「外部からの熱を100％仕事に変換できず、一部はまた外部へ捨てなければならない」という熱力学第2法則に反しています。第1種、第2種ともに実現不可能とされていますが、仮に実現したら**人類はエネルギー問題に左右されることがなくなります**。

[永久機関だと考えられたもの]

永久機関と思われがちなのが水飲み鳥。しかし、これは温度差を利用して熱エネルギーを運動エネルギーに変換して仕事を行うため、永久機関ではない

[永久機関は否定されている]

第1種永久機関、第2種永久機関ともに熱力学の法則に反しているため、現在は実現できないとされている

FILE.
176

カルノーサイクル

提唱者	ニコラ・レオナール・サディ・カルノー
提唱された年	1824年
関連する用語	熱力学第1法則、熱力学第2法則

カルノーサイクルのはたらきを逆にした「逆カルノーサイクル」は実用化済み。エアコンなどに用いられている

人類が考案した熱機関のなかで、最も効率の良いエンジンといわれているのが**カルノーサイクル**です。熱力学第2法則によって、熱機関は高い熱源から熱を受け取って仕事を行ったあと、低熱源へ熱を放熱することが証明されています。このときに放熱する量を可能な限り小さくすることで熱効率が上昇します。カルノーサイクルでは、気体が膨張するときの工程で熱を得て仕事を行い、気体の温度が一定になるときに熱を吐き出します。つまり、入ってきた熱の一部を捨てながら仕事を行い、極限まで熱効率を高めることにより、効率のいいはたらきをすると考えられます。実現不可能であるといわれますが、限りなく近い熱機関をつくることは可能だとされています。

超音速

提唱者	エルンスト・マッハ
提唱された年	1887年
関連する用語	音速、波動、衝撃波

物理学の世界では「超」とつく用語が多く登場します。そのなかで最もなじみ深いのが超音速でしょう。**単位としては発見者にちなんでマッハ(→ P66)が用い**られます。超音速を用いた技術は戦闘機などにみられますが、かつては民間旅客機でも利用されていました。超音速旅客機コンコルドです。2003年まで運航されていましたが、燃費効率が悪く、音速を超えるときに生じる**ソニックブーム**がたびたび問題となりました。現在は、おもに超音速戦闘機として技術活用されており、最高速はマッハ9.68を記録しています。

かつての超音速旅客機コンコルドは採算が合わず廃止されたが、現在も研究開発は続けられている

FILE.
178

超音波

提唱者	ラザロ・スパランツァーニ
提唱された年	1794年
関連する用語	音速、波動、衝撃波

電車が急に停車した音

すごい音！

電車が急停車する音も高いように思うが、実は20kHz以下

水槽

こっちは静か

人間に聞こえない超音波。金属の中にも伝わるという特徴があり、水槽の装置やエコー検査などの機器に用いられている

物体の中を伝わる音の振動のことを音波と呼びますが、**人間の耳に聞こえない音波のことを超音波**といいます。音波が聞こえるか聞こえないかは音の振動する回数である周波数(Hz)が関係しています。人間の耳に聞こえる周波数は低い音で20Hz、高い音で20kHz程度が限界だとされています。これ以外の音は実存在していても、聞こえないということになります。たとえば、メガネ屋さんの店頭にある「メガネ洗浄機」は38kHzの音波が使用されているため聞こえません。超音波は電波と異なり、金属の中も伝わるという特性があり、この性質を利用して、洗浄や医療用のエコーなどに用いられています。

FILE. 179

超伝導

提唱者	ヘイケ・カメルリング・オネス
提唱された年	1911年
関連する用語	電子、導体、分子、電気抵抗

電子は導体の中を通るとき、そのほかの粒子や分子に邪魔されて移動を妨げられます。これが電気抵抗ですが、**どんな導体でもごく低温に冷却すると、電気抵抗が0**になり、この状態を**超伝導**と呼びます。超伝導は、多くの物質でマイナス数百℃という低温で発生しますが、なかには比較的高い温度で発生するものもあります。超伝導になると電気が失われない状態になるため、強力な磁場を発生させたり、小さいエネルギーで目的とする仕事を得ることができます。この性質を利用したのが、2027年の開通を目指しているリニアモーターカー。超伝導を利用して、新幹線より速い時速約500キロでの走行を実現します。

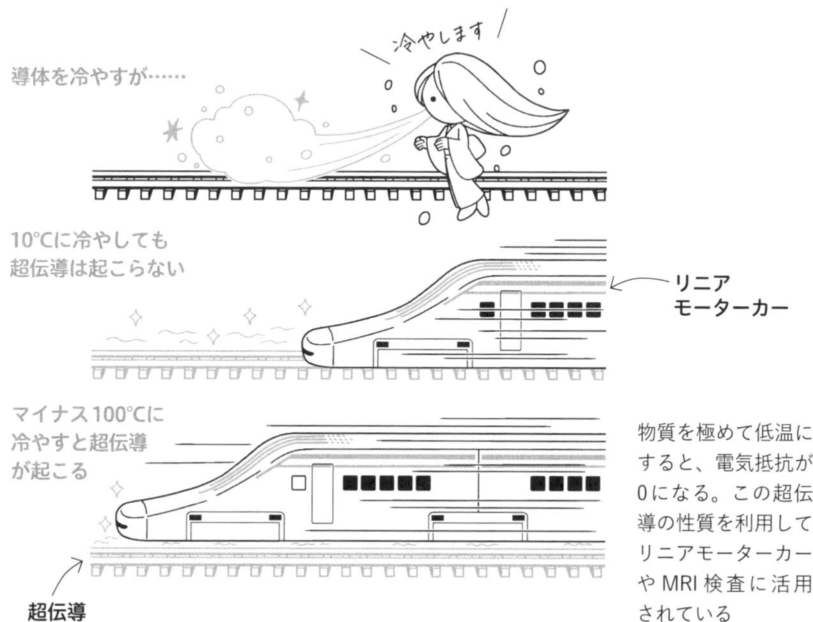

物質を極めて低温にすると、電気抵抗が0になる。この超伝導の性質を利用してリニアモーターカーやMRI検査に活用されている

FILE.
180

ジョセフソン効果

提唱者 ブライアン・ジョセフソン
提唱された年 1962年
関連する用語 トンネル効果、超伝導

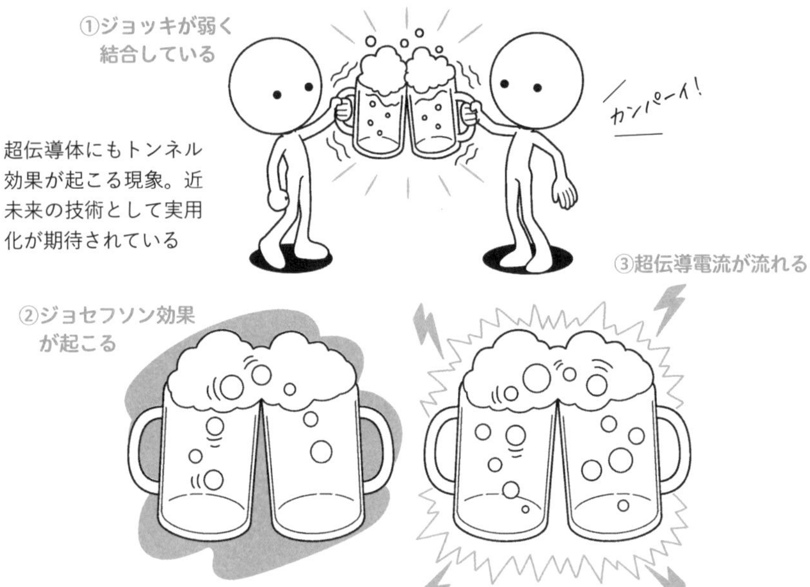

弱く結合している2つの超伝導体の間に、トンネル効果によって超伝導電流が流れる現象のことを指します。発見した当時、ジョセフソンはケンブリッジ大学の大学院生でしたが、のちに江崎玲於奈らとともにノーベル物理学賞を受賞しました。弱く結合している部分のことを**ジョセフソン結合**と呼び、ジョセフソン効果を用いた電子のことを**ジョセフソン素子**ともいいます。このジョセフソン素子は、従来のシリコン半導体よりも小型化できる可能性があるため、半導体への利用が期待されていました。ただ、超低温下でしか動作しないことでコストが高くなることから本格的な実用化には至っていません。

FILE. 181

マイスナー効果

提唱者 ヴァルター・マイスナー、ローベルト・オクセンフェルト
提唱された年 1933年
関連する用語 超伝導、磁場

超伝導体には、ジョセフソン効果以外にも、さまざまな効果があることがわかっています。そのひとつがマイスナー効果。これは超伝導体を磁場の中に置いたときに、**磁場を超伝導体の中から外に押し出す現象**です。そのため、超伝導体に磁石を近づけると、反発して離れようとします。

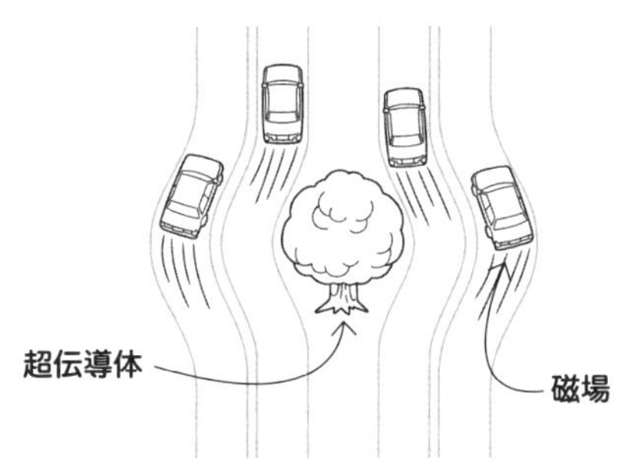

超伝導体の特長のひとつがマイスナー効果。超伝導を活用した技術に用いられている

FILE. 182

ピン止め効果

提唱者 不明
提唱された年 不明
関連する用語 超伝導、磁場

超伝導体のなかでも第二種超伝導体と呼ばれるものは、ところどころ超伝導にならない部分ができて、磁場がそこを通り抜けてしまいます。そうすると、**周囲が超伝導になっているため、そこから動かなくなります**。磁場がまるでピン止めされたようなので、**ピン止め効果**と呼ばれています。

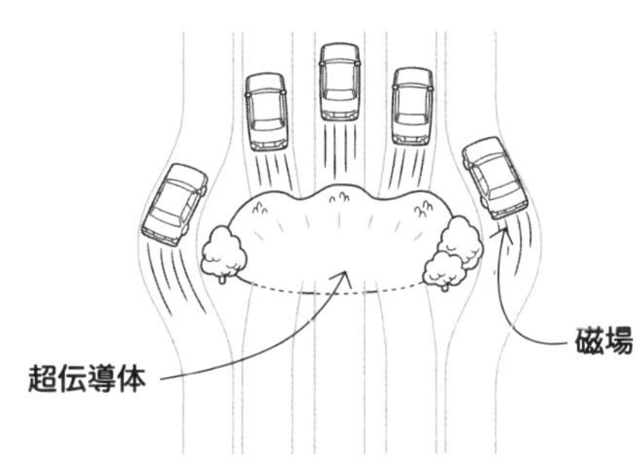

超伝導体を通り抜けた磁場が、そこから動けなくなる現象のこと。リニアモーターカーが浮く原理のひとつ

FILE.
183

マイケルソン干渉計

提唱者	アルバート・マイケルソン
提唱された年	1881年ごろ
関連する用語	可視光線、電波、音波、レーザー光

干渉計とは、複数の波動を重ね合わせたとき、それぞれの波が一致した部分では強め合って、逆転している部分では弱め合うことを利用して、周波数などを測定する機器のことを指します。可視光線や電波、音波などの測定における基本的な機器で、なかでもアメリカのマイケルソンが製作した**マイケルソン干渉計**は最も広く知られています。その仕組みは、レーザー光を2つの経路に分割して反射させ、再び合流させたときに2つの経路の長さが異なっていた場合、**元の光に比べて光の強度が変化する**というもの。開発から100年以上が経過していますが、今も第一線で活躍し、重力波の測定などにも活用されています。

FILE.
184

タイムマシン

提唱者	H・G・ウェルズ、キップ・ソーンなど
提唱された年	20世紀～現在
関連する用語	ブラックホール、ワームホール

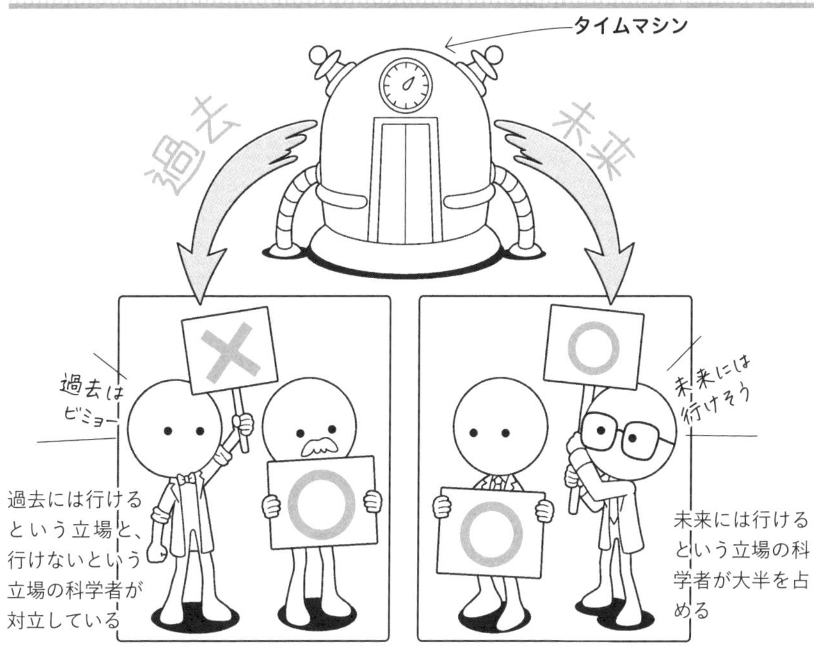

現代物理学では、アインシュタインの一般相対性理論（→ P106）を活用して、ブラックホール（→ P127）を使えば、理論上未来に行くことは可能だとされています。ただこの理論では過去に行くことはできません。しかし、それも可能だと主張する科学者がいます。そのうちの一人がアメリカのソーンです。彼は、相対性理論を発展させて「**未来の知的生命体が通行可能なワームホールをつくれば過去に旅行できる**」としました。ただ、これには反対意見も多く、量子論の科学者はミクロの世界の法則が壊れてしまうと主張。さまざまな議論がありますが、科学者もタイムマシンを夢見ているのは間違いありません。

FILE.
185

量子テレポーテーション

提唱者	チャールズ・ベネット
提唱された年	1993年
関連する用語	量子力学、量子もつれ

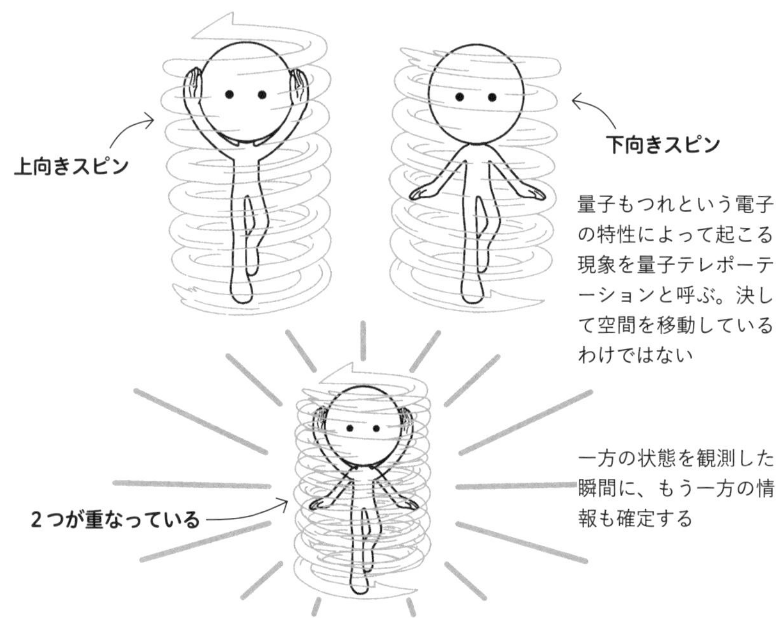

量子テレポーテーションとは**離れた場所に量子状態を瞬時に転送すること**です。電子には「スピン」という性質があり、「上向きスピン」と「下向きスピン」の両方の状態をもつことができます。上向き・下向きだけではなく、同時に重ね合わせることもできます。スピンが重なった状態を**量子もつれ**といいますが、電子がこの関係にあるとき、2つの粒子のうち、一方の状態を観測すると、瞬時にもう一方が上向きか下向きかが判明するとされています。つまり、一瞬でどちらかに転送されたと考えられ、これが**テレポーテーションの一種**だと考えられています。この技術ができれば、いつか「どこでもドア」が完成する日が来るのかもしれません。

COLUMN

たまたま結果が一致する！「どこでも効果」

まるでドラえもんに出てくる秘密道具のような名前ですが、素粒子の研究においては重要な誤差を表しています。この効果は、探索するパラメータ空間があまりに大きいせいで、一見統計的には意味のある観測ができたとしても、実際は偶然生じたことを意味しています。

確率論の穴ともいえるべき効果

たとえば、誕生日を例に考えてみましょう。1年365日で生まれる確率は一定だと仮定します。2人の誕生日が偶然1月1日で一致する確率を計算すると「約100万回に1回」という非常に小さな確率になります。

しかし、どの日でもいいから一致する確率を計算すると、「約1000回に3回」と、先ほどとは比べものにならないほど大きな確率になります。では、どの日でもいいが、たまたま一致した日が1月1日だとしたらどうでしょう。どちらも同じ1月1日で一致していますが、確率は異なります。このようにどこでもいいが一致することを、どこでも効果と呼ぶのです。

この効果は、素粒子の観測の際に起こり得ることがあります。実際にヒッグス粒子の観測時に、偶然どこでも効果が起きて、まちがって観測されてしまうケースは少なくありません。確率論的な解釈が一般的な量子力学だからこそ起こりやすい現象だといえるでしょう。そのため、素粒子の実験においては、どこでも効果を考慮しなくてはならないのです。

INDEX

■さ行

INDEX

■な行

INDEX

■ま行

■や行

■ら行

■わ行

監修者

池末翔太（いけすえ・しょうた）

受験モチベーター。予備校講師。オンライン予備校「学びエイド」認定鉄人講師。1989年福岡県生まれ。大学入学後、4つの塾で講師経験を積み、そのうち2つの塾では主任講師を務めた。大学生のときに共著で出版した「中高生の勉強あるある、解決します。」（ディスカヴァー・トゥエンティワン）をはじめ、「一度読んだら絶対に忘れない物理の教科書」（SBクリエイティブ）など著書多数。現在は予備校で物理や数学を教えるほか、高校への出張授業や講演も行う。

著者

鈴木裕太（すずき・ゆうた）

1982年、千葉県生まれ。大学卒業後、フリーの編集者・ライターとして活動し、健康・ビジネス・歴史などさまざまなジャンルの書籍、雑誌の編集に携わる。医療、看護、栄養分野の取材、執筆を行ったことをきっかけに理学に興味をもち、難しいと思われがちな理学を楽しく、わかりやすく解説することをライフワークにしている。主な著書に「体をつくり、機能を維持する 生体物質事典」（ソシム）がある。

カバーデザイン／金井久幸（株式会社ツー・スリー）
本文デザイン& DTP ／平田治久（有限会社ノーボ）
イラスト／平林知子
校正／くすのき舎

物理用語事典

2023年10月6日　初版第1刷発行

監修者　池末翔太
著者　鈴木裕太
発行人　片柳秀夫
編集人　平松裕子
発行　ソシム株式会社
https://www.socym.co.jp/
〒101-0064　東京都千代田区神田猿楽町1-5-15 猿楽町SSビル
TEL：(03) 5217-2400（代表）
FAX：(03) 5217-2420
印刷・製本　株式会社暁印刷

定価はカバーに表示してあります。
落丁・乱丁本は弊社編集部までお送りください。送料弊社負担にてお取替えいたします。
ISBN978-4-8026-1430-6